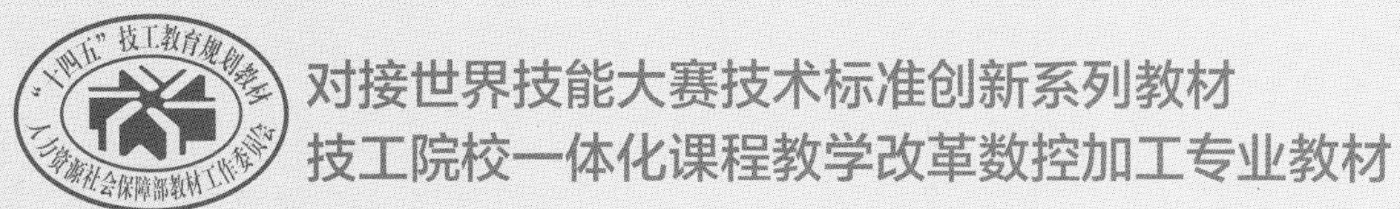

对接世界技能大赛技术标准创新系列教材

技工院校一体化课程教学改革数控加工专业教材

简单零件数控车床加工

人力资源社会保障部教材办公室　组织编写

中国劳动社会保障出版社

简介

本套教材为对接世赛标准深化一体化专业课程改革数控加工专业教材，对接世赛数控车、数控铣项目，学习目标融入世赛要求，学习内容对接世赛技能标准，考核评价方法参照世赛评分方案，并设置了世赛知识栏目。

本书主要内容包括齿轮箱定位台阶轴的数控车加工、手柄的数控车加工、带轮的数控车加工、螺纹端盖的数控车加工、气缸连接头的数控车加工。

图书在版编目（CIP）数据

简单零件数控车床加工 / 人力资源社会保障部教材办公室组织编写. -- 北京：中国劳动社会保障出版社，2021

对接世界技能大赛技术标准创新系列教材　技工院校一体化课程教学改革数控加工专业教材

ISBN 978-7-5167-4843-5

Ⅰ. ①简…　Ⅱ. ①人…　Ⅲ. ①数控机床－车床－零部件－加工－教材　Ⅳ. ①TG519.1

中国版本图书馆 CIP 数据核字（2021）第 039107 号

中国劳动社会保障出版社出版发行

（北京市惠新东街 1 号　邮政编码：100029）

*

北京市白帆印务有限公司印刷装订　　新华书店经销

880 毫米 ×1230 毫米　16 开本　13.5 印张　317 千字

2021 年 5 月第 1 版　　2025 年 8 月第 8 次印刷

定价：38.00 元

营销中心电话：400-606-6496

出版社网址：http://www.class.com.cn

http://jg.class.com.cn

对接世界技能大赛技术标准创新系列教材

编审委员会

主　　任：刘　康

副 主 任：张　斌　王晓君　刘新昌　冯　政

委　　员：王　飞　翟　涛　杨　奕　张　伟　赵庆鹏　姜华平
杜庚星　王鸿飞

数控加工专业课程改革工作小组

课 改 校：江苏省常州技师学院　广东省机械技师学院
宁波技师学院　开封技师学院　襄阳技师学院
江苏省盐城技师学院　东莞技师学院　江门技师学院
西安技师学院　杭州技师学院　临沂技师学院

技术指导：宋放之

编　　辑：闫宪新

本书编审人员

主　　编：吉　琳

参　　编：洪惠良　吴辰晨　巢英志　何子卿　陈烨妍　孙春花
史永利　刘新林　陈裕银　潘焯成

主　　审：崔兆华

序

世界技能大赛由世界技能组织每两年举办一届，是迄今全球地位最高、规模最大、影响力最广的职业技能竞赛，被誉为“世界技能奥林匹克”。我国于2010年加入世界技能组织，先后参加了五届世界技能大赛，累计取得36金、29银、20铜和58个优胜奖的优异成绩。第46届世界技能大赛将在我国上海举办。2019年9月，习近平总书记对我国选手在第45届世界技能大赛上取得佳绩作出重要指示，并强调，劳动者素质对一个国家、一个民族发展至关重要。技术工人队伍是支撑中国制造、中国创造的重要基础，对推动经济高质量发展具有重要作用。要健全技能人才培养、使用、评价、激励制度，大力发展技工教育，大规模开展职业技能培训，加快培养大批高素质劳动者和技术技能人才。要在全社会弘扬精益求精的工匠精神，激励广大青年走技能成才、技能报国之路。

为充分借鉴世界技能大赛先进理念、技术标准和评价体系，突出“高、精、尖、缺”导向，促进技工教育与世界先进标准接轨，完善我国技能人才培养模式，全面提升技能人才培养质量，人力资源社会保障部于2019年4月启动了世界技能大赛成果转化工作。根据成果转化工作方案，成立了由世界技能大赛中国集训基地、一体化课改学校，以及竞赛项目中国技术指导专家、企业专家、出版集团资深编辑组成的对接世界技能大赛技术标准深化专业课程改革工作小组，按照创新开发新专业、升级改造传统专业、深化一体化专业课程改革三种对接转化原则，以专业培养目标对接职业描述、专业课程对接世界技能标准、课程考核与评价对接评分方案等多种操作模式和路径，同时融入健康与安全、绿色与环保及可持续发展理念，开发与世界技能大赛项目对接的专业人才培养方案、教材及配套教学资源。首批对接 19 个世界技能大赛项目共 12 个专业的成果将于 2020—2021 年陆续出版，主要用于技工院校日常专业教学工作中，充分发挥世界技能大赛成果转化对技工院校技能人才的引领示范作用。在总结经验及调研的基础上选择新的对接项目，陆续启动第二批等世界技能大赛成果转化工作。

希望全国技工院校将对接世界技能大赛技术标准创新系列教材，作为深化专业课程建设、创新人才培养模式、提高人才培养质量的重要抓手，进一步推动教学改革，坚持高端引领，促进内涵发展，提升办学质量，为加快培养高水平的技能人才作出新的更大贡献！

2020年11月

目　　录

学习任务一　齿轮箱定位台阶轴的数控车加工

学习目标

1. 能了解数控车间与工作区的范围和限制，理解企业对环境、安全、卫生和事故预防的标准。

2. 能检查工作区、设备、工具、材料的状况和功能。

3. 能按照数控加工车间安全防护规定，正确穿戴劳动防护用品，严格执行安全操作规程。

4. 能根据加工任务书，通过小组讨论，明确工作任务和要求，共同制订合理的工作计划。

5. 能借助技术手册，查阅零件毛坯的材料牌号、几何公差和切削用量等知识，理解技术手册在生产中的重要性。

6. 能根据任务书、零件图加工要求，通过查阅数控加工工艺学，分析并制定零件的数控加工工艺，完成加工工序卡的填写，并理解产品加工工艺在生产中的重要性。

7. 能合理选择编程指令，完成齿轮箱定位台阶轴加工程序的编制。

8. 能独立操作数控车床，完成齿轮箱定位台阶轴的加工，并解决在此过程中出现的简单报警和加工问题。

9. 能规范、熟练地使用游标卡尺、千分尺等通用量具，对齿轮箱定位台阶轴进行检测并判断加工质量，分析误差原因，优化加工策略。

10. 能在作业过程中严格执行企业操作规范、安全生产制度、环保管理制度以及“6S”管理规定，严格遵守从业人员的职业道德，树立吃苦耐劳、爱岗敬业的工作态度，精益求精的质量管控意识和职业责任感。

11. 能按车间现场“6S”管理规定和产品工艺流程的要求，整理现场，正确放置工具、产品，对机床、工具进行维护保养，并规范填写保养记录表。

12. 能与班组长、工具管理员等相关人员进行有效的沟通与合作，理解有效沟通和团队合作的重要性。

13. 能积极主动汇报工作成果，对学习工作过程中出现的问题进行反思总结，优化方案和策略，具备知识迁移能力。

建议学时

42 学时。

工作情境描述

某企业接到一批齿轮箱定位台阶轴零件（图 1-1）加工订单，数量为 30 件。来料加工，材料为 45 钢，毛坯尺寸为 ϕ35 mm×60 mm，交货期为 7 天。该零件由圆柱体组成，生产主管计划用数控车床进行加工。

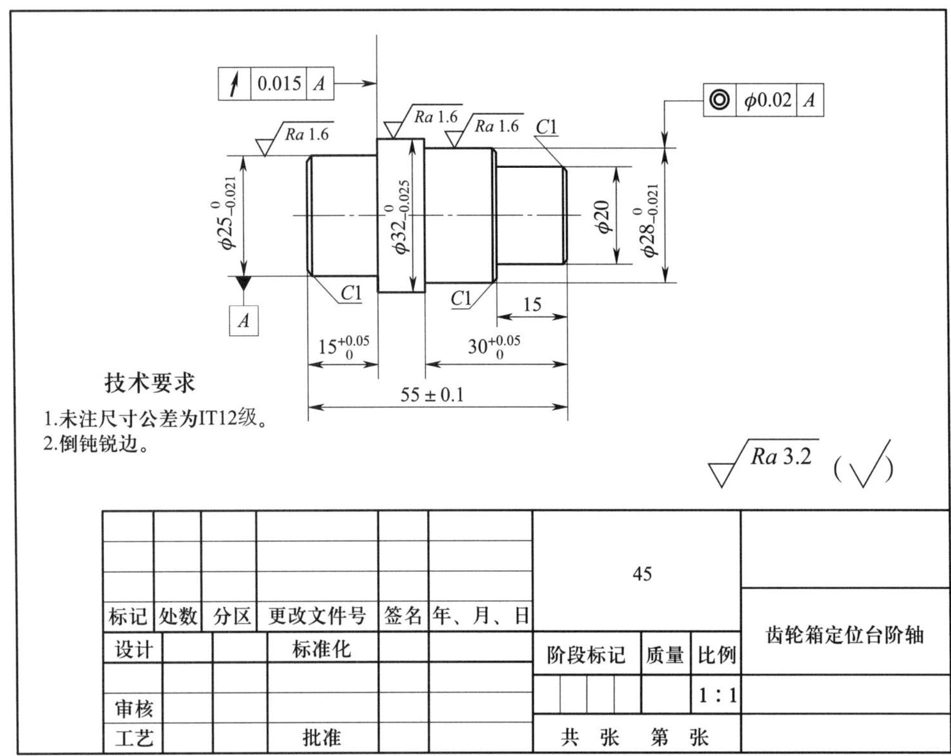

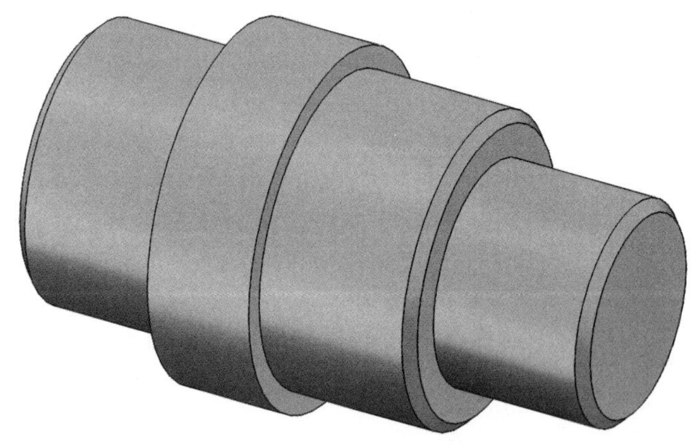

图 1-1　齿轮箱定位台阶轴

工作流程与活动

1．数控车床基本操作（12 学时）

2．齿轮箱定位台阶轴车削加工指令（4 学时）

3．齿轮箱定位台阶轴的工艺分析与编程（4 学时）

4．齿轮箱定位台阶轴的数控车加工（16 学时）

5．齿轮箱定位台阶轴的检验与加工质量分析（2 学时）

6．工作总结与评价（4 学时）

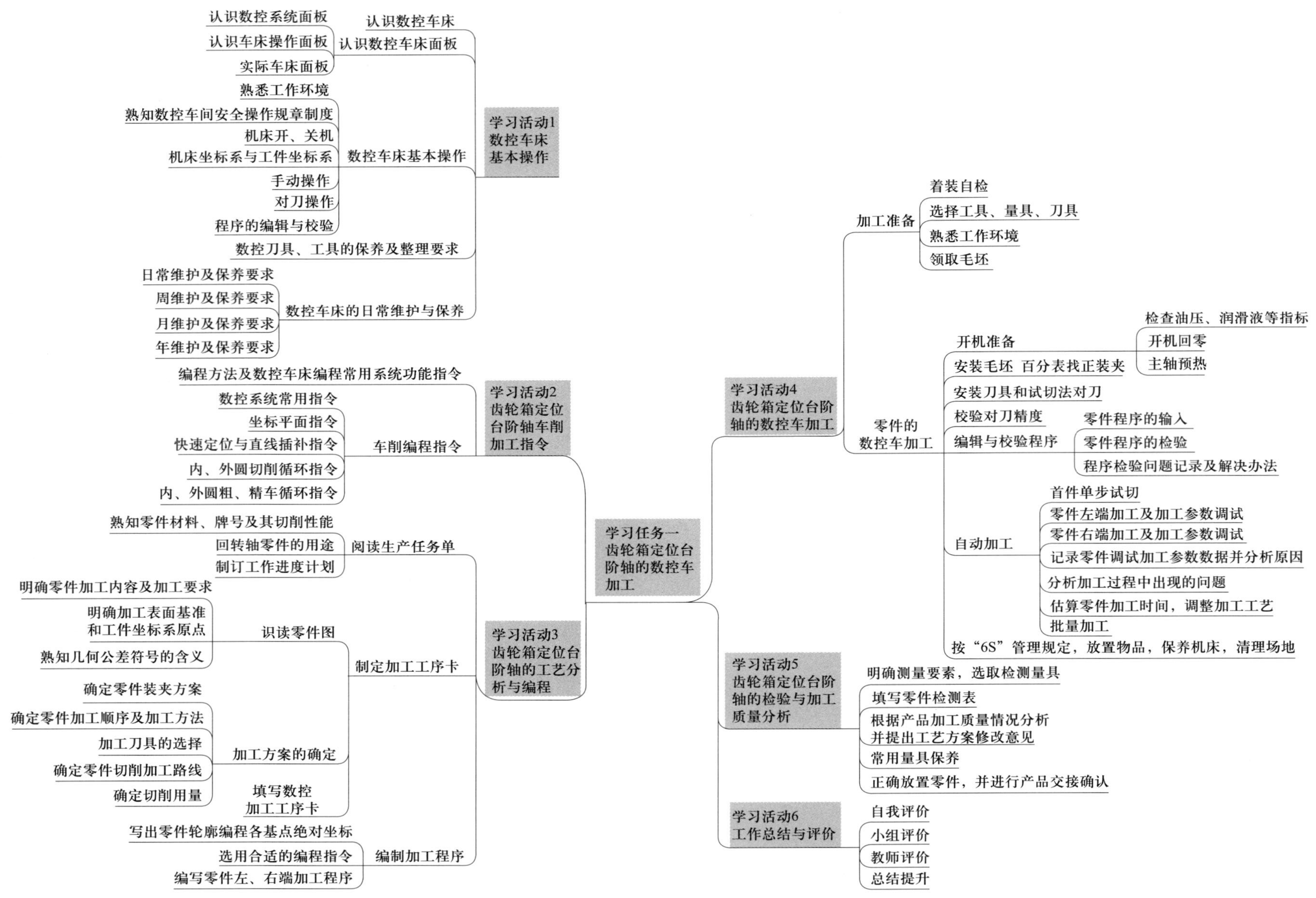
学习任务一 齿轮箱定位台阶轴的数控车加工
学习活动1 数控车床基本操作
认识数控车床
认识数控车床面板
认识数控系统面板
认识车床操作面板
实际车床面板
数控车床基本操作
熟悉工作环境
熟知数控车间安全操作规章制度
机床开、关机
机床坐标系与工件坐标系
手动操作
对刀操作
程序的编辑与校验
数控刀具、工具的保养及整理要求
数控车床的日常维护与保养
日常维护及保养要求
周维护及保养要求
月维护及保养要求
年维护及保养要求
学习活动2 齿轮箱定位台阶轴车削加工指令
编程方法及数控车床编程常用系统功能指令
数控系统常用指令
车削编程指令
坐标平面指令
快速定位与直线插补指令
内、外圆切削循环指令
内、外圆粗、精车循环指令
学习活动3 齿轮箱定位台阶轴的工艺分析与编程
阅读生产任务单
熟知零件材料、牌号及其切削性能
回转轴零件的用途
制订工作进度计划
制定加工工序卡
识读零件图
明确零件加工内容及加工要求
明确加工表面基准和工件坐标系原点
熟知几何公差符号的含义
加工方案的确定
确定零件装夹方案
确定零件加工顺序及加工方法
加工刀具的选择
确定零件切削加工路线
确定切削用量
填写数控加工工序卡
编制加工程序
写出零件轮廓编程各基点绝对坐标
选用合适的编程指令
编写零件左、右端加工程序
学习活动4 齿轮箱定位台阶轴的数控车加工
加工准备
着装自检
选择工具、量具、刀具
熟悉工作环境
领取毛坯
零件的数控车加工
开机准备
检查油压、润滑液等指标
开机回零
主轴预热
安装毛坯 百分表找正装夹
安装刀具和试切法对刀
校验对刀精度
编辑与校验程序
零件程序的输入
零件程序的检验
程序检验问题记录及解决办法
自动加工
首件单步试切
零件左端加工及加工参数调试
零件右端加工及加工参数调试
记录零件调试加工参数数据并分析原因
分析加工过程中出现的问题
估算零件加工时间，调整加工工艺
批量加工
按“6S”管理规定，放置物品，保养机床，清理场地
学习活动5 齿轮箱定位台阶轴的检验与加工质量分析
明确测量要素，选取检测量具
填写零件检测表
根据产品加工质量情况分析并提出工艺方案修改意见
常用量具保养
正确放置零件，并进行产品交接确认
学习活动6 工作总结与评价
自我评价
小组评价
教师评价
总结提升

学习活动1　数控车床基本操作

学习目标

1. 能了解数控车间与工作区的范围和限制，理解企业对环境、安全、卫生和事故预防的标准。

2. 能够检查工作区、设备、工具、材料的状况和功能。

3. 能说出数控车床的组成、结构、功能，写出数控车床面板各部分的名称和作用。

4. 能熟练进行数控车床的开关机、主轴正反转、换刀等基本操作。

5. 能熟练进行程序的输入、修改、替换等编辑操作。

6. 能正确判别机床坐标轴及其正方向，用手动或手摇方式操作刀架沿相应轴进行移动。

7. 能正确装夹工件，并对其进行找正。

8. 能写出数控刀具的组成部分，并正确安装数控刀具。

9. 能正确建立工件坐标系，完成对刀操作。

10. 能判别机床操作中出现的报警类型并进行解除。

11. 能对机床、数控车刀、工具进行维护与保养，并按现场“6S”管理的要求清理现场。

建议学时：12学时。

学习过程

一、认识数控车床

通过参观数控车间来认识数控车床。在参观过程中，认真仔细地观察比较数控车床与普通车床的不同之处，查阅学习资料，了解数控车床的加工内容、加工特点、种类等基本知识。

1．通过参观，结合图 1–2 所示的普通车床和数控车床，完成表 1–1 的填写。

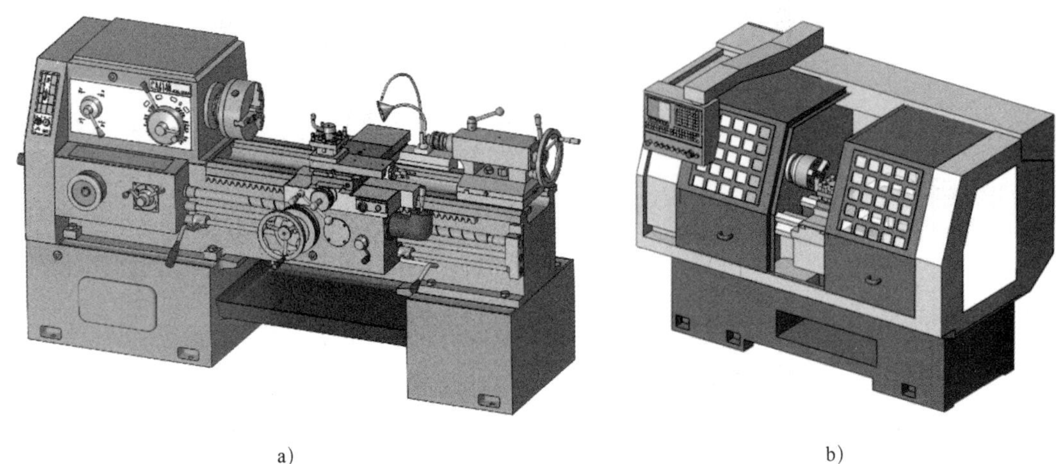

a）　　　　　　　　b）

图 1–2　车床

a）普通车床　b）数控车床

表 1–1　　　　普通车床与数控车床的对比

车床类别	车床组成构件名称	加工产品类型	常用车床系统或型号
普通车床			
数控车床			

2．通过上述比较，写出数控车床与普通车床的异同点。

3．认识数控车床的结构（图 1–3），数控车床主要由车床本体和数控系统两大部分组成。

图 1–3　CKA61100A 型卧式数控车床

（1）在表 1–2 中写出数控车床上对应位置的结构名称。

表 1–2　数控车床结构名称

序号	名称	序号	名称
1		6	
2		7	
3		8	
4		9	
5			

（2）在表 1–3 中写出车床本体和数控系统各包含哪些部件。

表 1–3　车床本体和数控系统部件名称

类型	部件名称
车床本体	
数控系统	

（3）通过参观实习车间，根据工作任务要求，选择可完成加工产品零件的数控车床类型，完成表 1–4 的填写。

表 1–4　车间数控车床类型

序号	数控系统类型	车床型号	床身类型	导轨行程
1				
2				
3				
4				

4．根据车床床身位置的不同，写出数控车床的类型及其特点。

二、认识数控车床面板

数控车床面板是人机交互操作界面，由数控系统面板和车床操作面板两部分组成（图 1-4）。不同类型的数控车床配备的数控系统不同，面板功能和布局也各不一样。因此，在操作设备前，要仔细阅读编程与操作说明书，认识数控车床面板上各按键的名称及功能。

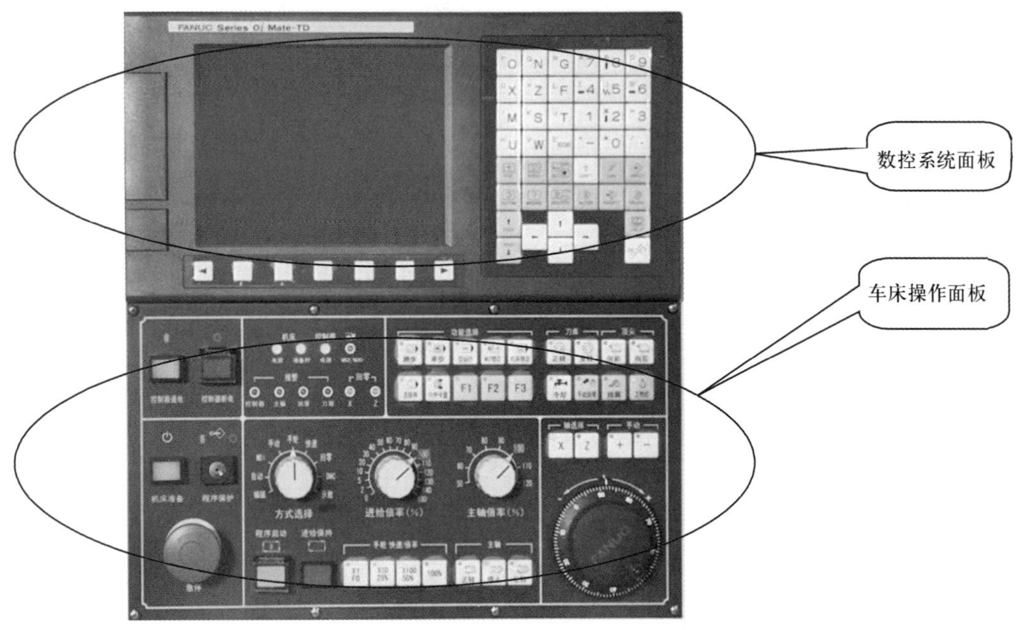

图 1-4　FANUC 0iMate-TD 系统的数控车床面板

1．认识数控系统面板

（1）查阅编程与操作说明书，写出 FANUC 0iMate-TD 数控系统面板（图 1-5）的组成部分。

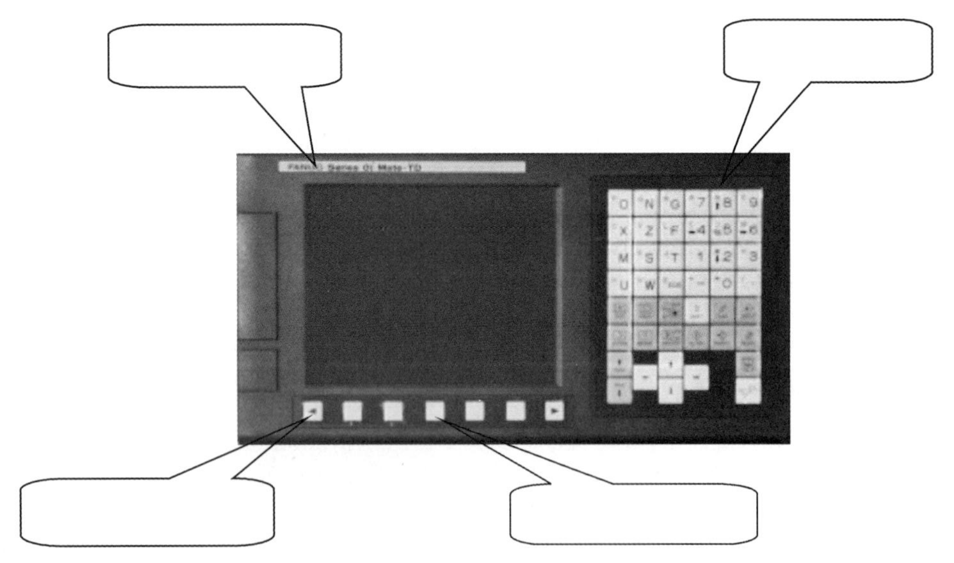

图 1-5　FANUC 0iMate-TD 数控系统面板的组成

（2）查阅编程与操作说明书，认识 FANUC 0iMate-TD 数控系统面板上各按键的名称及功能，并完成表 1-5 的填写。

表 1-5　　FANUC 0iMate-TD 数控系统面板各按键的名称及功能

按键	名称	功能
O P　N Q　G R　7 A　8 B　9 D X C　Z Y　F L　4 [　5]　6 SP M I　S K　T J　1 ,　2 #　3 = U H　W V　EOB E　- +　0 .　. /		
POS		
PROG		
OFFSET SETTING		
SYSTEM		
MESSAGE		
CUSTOM GRAPH		
SHIFT		
CAN ALERT		
EOB E		
DELETE		
INSERT		

续表

按键	名称	功能
↑ PAGE PAGE ↓		
↑ ← → ↓		
HELP		
RESET		

2．认识车床操作面板

查阅编程与操作说明书，对照图 1-6 所示的 FANUC 0iMate-TD 数控车床操作面板，填写表 1-6 中 FANUC 0iMate-TD 数控车床操作面板上各按键的名称及功能。

图 1-6　FANUC 0iMate-TD 数控车床操作面板

表 1-6　　FANUC 0iMate-TD 数控车床操作面板各按键的名称及功能

按键	名称	功能
机床准备		

续表

按键	名称	功能
控制器通电　控制器断电		
单段		
空运行		
锁住		
手动　手轮　快速　MDI　回零　自动　DNC　编辑　示教 方式选择		①编辑： ②自动： ③ MDI： ④手动： ⑤手轮： ⑥快速： ⑦回零： ⑧ DNC： ⑨示教：
x1　x10　x100		

续表

<table>
<tr><th>按键</th><th>名称</th><th>功能</th></tr>
<tr><td></td><td></td><td></td></tr>
<tr><td rowspan="2">循环启动 进给保持</td><td rowspan="2"></td><td></td></tr>
<tr><td></td></tr>
</table>

3．实际车床面板

参观数控加工生产车间时，仔细观察生产车间使用的是相同的数控车床 FANUC 系统面板吗？用简图画出生产车间数控车床面板。

三、数控车床基本操作

熟练进行开关机、工件与刀具的装夹、对刀、程序输入、程序模拟、机床保养是数控操作工的必备技能。认真学习数控车床的基本操作，并完成下列问题。

1．熟悉工作环境

了解车间与工作区的范围和限制，理解企业对环境、安全、卫生和事故预防的标准。

2．认真阅读数控车间的安全操作规章制度，思考表 1-7 中的图片是否符合安全操作要求，并写出图片中的操作问题和安全操作要求。

表 1-7　数控车间生产操作图片

图片 1	问题：
	安全操作要求：
图片 2	问题：
	安全操作要求：
图片 3	问题：
	安全操作要求：
图片 4	问题：
	安全操作要求：

3．写出数控车床的开、关机步骤。

4．写出表 1–8 中机床回零的两种方式及操作步骤。

表 1–8　机床回零方式及操作步骤

回零方式	操作步骤
回零目的：	

5．机床坐标系与工件坐标系

（1）机床坐标系的判定原则及判定顺序是什么？

（2）根据右手定则，标出图 1–7 所示笛卡儿坐标系的 X、Y、Z 三个坐标轴。

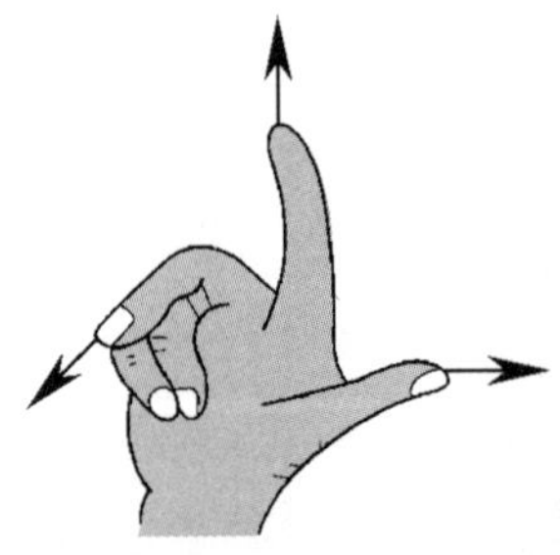

图 1–7　笛卡儿坐标系

（3）画出表 1–9 中数控车床的机床坐标系。

表 1–9　　　　机床坐标系

机床类型	坐标系	机床类型	坐标系

（4）简述机床坐标系和工件坐标系的定义，并说明两者的区别。

（5）简述机床参考点和机床原点的定义，并说明两者的区别。

（6）建立工件坐标系的原则有哪些？

6．手动操作主要包括手轮进给操作、手动进给操作、MDI 操作、主轴旋转操作等。认真学习教材操作步骤，结合教师演示，完成表 1–10 中手动操作步骤的填写。

表 1–10　　手动操作步骤

手动操作项目	操作步骤
手轮进给操作	
手动进给操作	
MDI 操作	
主轴旋转操作	

7．零件的程序编辑和加工离不开零件坐标系零点的设置。建立零件坐标系零点由对刀操作完成。认真学习教材，结合教师操作示范，回答以下问题。

（1）数控刀具通常由四部分组成，写出图 1–8 所示数控刀具各组成部分的名称。

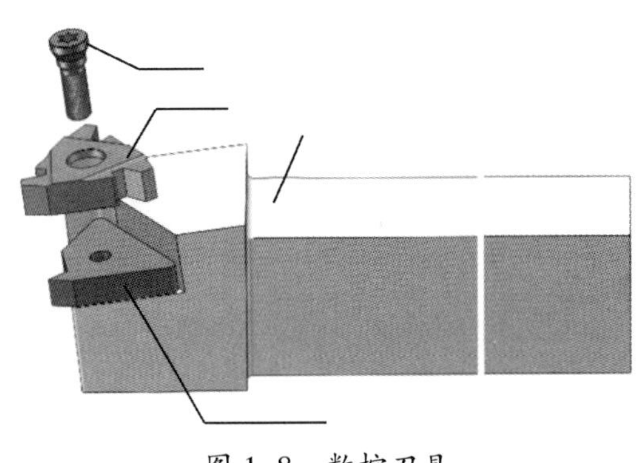

图 1–8　数控刀具

（2）写出将数控刀具安装在刀架上的操作步骤及注意事项。

（3）实际生产中，数控车削大多采用手动对刀，其基本方法有哪些？结合车间加工环境条件，加工齿轮箱定位台阶轴应采用哪种对刀方法？为什么？

（4）数控车床对刀操作主要步骤包括移动、测量、设置，写出表 1–11 中试切法对刀的操作步骤。

表 1–11　试切法对刀的操作步骤

操作内容	操作步骤
Z 轴 零点位置确定	
X 轴 零点位置确定	

（5）刀具补正一般分为哪几类？它们各自的用途是什么？

8．程序的编辑与校验

（1）程序的建立、删除、修改、调用等操作通常通过手动数据输入单元输入数控系统。填写表 1–12。

表 1–12　程序编辑内容、操作步骤及注意事项

程序编辑内容	操作步骤	注意事项
建立新程序（O××××）		
程序的调用		
程序的删除		

（2）将表 1–13 中所列零件加工程序输入数控系统，并完成以下操作：检验输入的程序是否正确；将 S600 替换为 S500；删除 G18。

表 1–13　零件加工程序

程序	程序
O0001;	X47.0 Z–0.5;
G98 G40 G21 G90 G18;	Z–20.0;
G00 X100.0 Z100.0;	X50.0;
M03 S600 T0101;	Z–40.0;
G00 X52.0 Z2.0;	X52.0;
X46.0;	G00 X100.0 Z100.0;
G01 Z0.0 F100;	M30;

①写出图形显示功能校验程序的操作步骤。

②写出将 S600 替换为 S500 的操作步骤。

③写出删除键和取消键的名称，并说明其作用有什么不同。

四、数控刀具、工具的保养及整理要求

1．简述数控刀具的保养方法。

2．简述数控刀具和工具在车间的放置要求。

五、数控车床的日常维护和保养

对数控车床进行预防性的保养和定期检查可延长元器件的使用寿命和机械部件的磨损周期，保证数控车床长时间稳定工作。

1．数控车床的日常维护及保养要求是什么?

2．数控车床的周维护及保养要求是什么?

3．数控车床的月维护及保养要求是什么?

4．数控车床的年维护及保养要求是什么?

学习活动 2　齿轮箱定位台阶轴车削加工指令

学习目标

1. 能叙述常用系统功能指令的名称及其作用。

2. 能根据零件图，写出各基点的绝对坐标值。

3. 能写出 G00、G01、G90、G71、G70 等指令格式及其参数的含义。

4. 能根据零件图，正确选用编程加工指令。

建议学时：4 学时。

学习过程

一、编程方法及数控车床编程常用系统功能指令

1．常用的编程方法有几种？各有什么特点？分别有利于哪类零件的加工？

2．数控车床编程常用系统功能指令有哪几种？它们在数控系统中的作用是什么？

二、车削编程指令

1．通过查阅 FANUC 系统指令表，完成表 1–14 中常用指令的功能和单位填写。

表 1–14　　数控系统常用指令的功能和单位

指令名称	功能	单位
G98		
G99		
G20		
G21		
G40		
G90		
G91		
M03		
M04		
M05		
M30		

2．根据图 1–9 所示坐标平面，在表 1–15 中写出坐标平面相应指令名称和用于哪种数控加工设备。

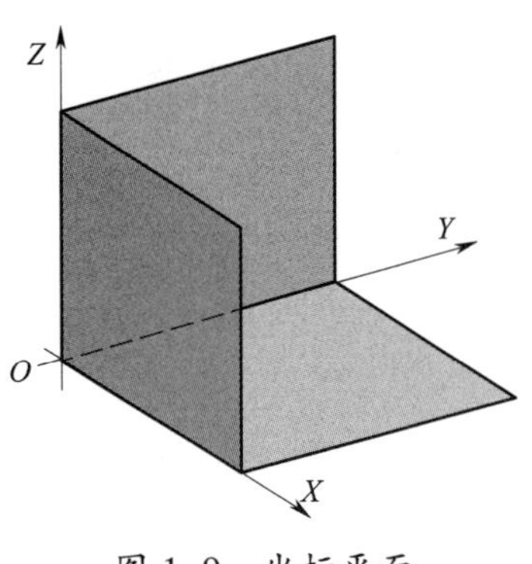

图 1–9　坐标平面

表 1–15　　坐标平面相应指令名称和所用数控加工设备名称

坐标平面	指令名称	数控加工设备名称

3．通过对快速定位指令 G00 和直线插补指令 G01 的学习，完成表 1-16 的填写。

表 1-16　快速定位指令 G00 与直线插补指令 G01

指令	G00	G01
指令格式		
进给速度		
运动轨迹		
应用		

4．如图 1-10 所示，根据给定刀具加工路线：刀具起点（80，80）→ A → B → C → D → E →刀具起点，已知切削进给速度 F 为 50 mm/min，完成下列问题。

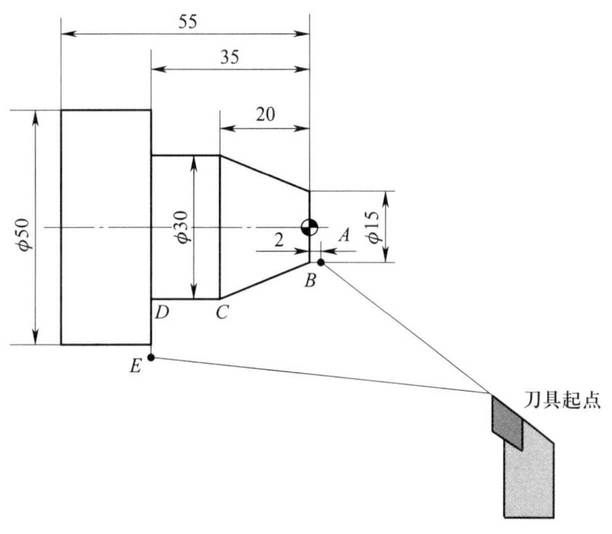

图 1-10　刀具加工路线

（1）根据图 1-10 所示坐标系原点，写出各基点绝对坐标值。

（2）完成表 1–17 的填写。

表 1–17　　刀具加工路线程序段

刀具加工路线	程序段
刀具起点→A	
$A \to B$	
$B \to C$	
$C \to D$	
$D \to E$	
E→刀具起点	

5．仔细观察图 1–11 所示台阶轴零件图和刀具加工路线，根据要求回答问题。

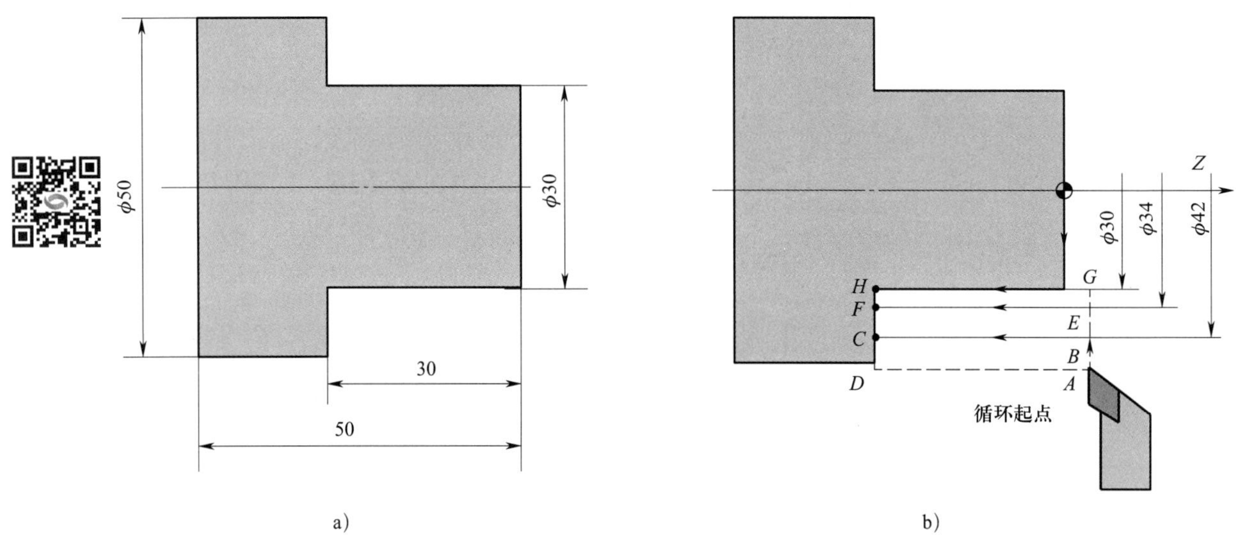

图 1–11　台阶轴

a）零件图　b）刀具加工路线

（1）根据加工图形和刀具路线设计要求，该轮廓可采用什么指令编程？写出该指令的格式及其各参数含义。

（2）图 1–11b 所示刀具加工路线图中 *A* 点坐标一般取什么数值？为什么？

（3）采用 G90 绝对编程指令，按要求完成表 1–18 中程序段的填写。

表 1–18　　台阶轴刀具加工路线程序段

刀具加工路线	程序段
ϕ42 mm 圆柱体（$A\rightarrow B\rightarrow C\rightarrow D$）	
ϕ34 mm 圆柱体（$A\rightarrow E\rightarrow F\rightarrow D$）	
ϕ30 mm 圆柱体（$A\rightarrow G\rightarrow H\rightarrow D$）	

6．仔细观察图 1–12 所示圆锥面零件图和刀具加工路线，根据要求回答问题。

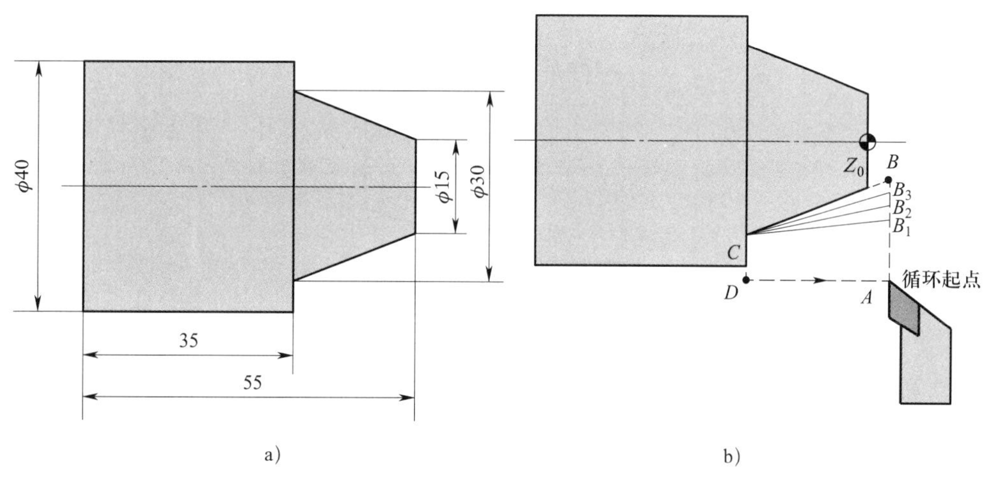

图 1–12　圆锥面

a）零件图　b）刀具加工路线

（1）根据加工图形和刀具路线设计要求，该轮廓可采用什么指令编程？

（2）计算出刀具加工路线中 B 点的坐标，并说明为什么将圆锥面起点置于 B 点而非 Z_0 处。

（3）采用 G90 绝对编程指令，按要求完成表 1–19 中程序段填写。

表 1–19　　圆锥面刀具加工路线程序段

刀具加工路线	程序段
$A \to B_1 \to C \to D$	
$A \to B_2 \to C \to D$	
$A \to B_3 \to C \to D$	
$A \to B \to C \to D$	

（4）若采用 G90 循环指令的另一种编程方式加工圆锥面，在图 1–13 中绘制出轮廓加工路线并完成表 1–20 中程序段的填写。

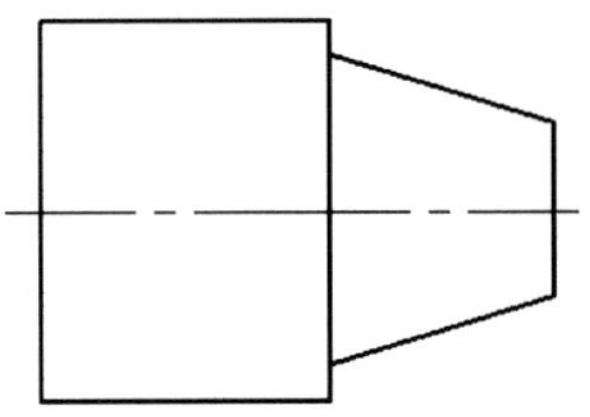

图 1–13　轮廓加工路线图

表 1–20　　圆锥面刀具加工路线程序段

刀具加工路线	程序段

7．写出粗车循环 G71 指令和精车循环 G70 指令的格式及其各参数的含义。

8．简述 G71 指令适用加工的零件类型及其编程注意点。

9．用 G71、G70 指令编写图 1-12a 所示圆锥面的加工程序，完成表 1-21 的填写。

表 1-21　　G71、G70 指令加工圆锥面程序段

程序段	注释

学习活动3　齿轮箱定位台阶轴的工艺分析与编程

学习目标

1. 能阅读生产任务单，明确工作任务，通过小组讨论，共同制订合理的加工工作进度计划。

2. 能借助技术手册，查阅零件毛坯的材料牌号、几何公差和切削用量等知识，理解技术手册在生产中的重要性。

3. 能根据任务书、零件图加工要求，通过查阅数控加工工艺学，分析并制定零件的数控加工工艺，选择正确的车削加工方法，并理解产品加工工艺在生产中的重要性。

4. 能根据加工工艺、零件材料和零件形状特征等要求，查阅技术手册，合理选择刀具及切削用量，理解刀具的选择在产品加工中的重要性。

5. 能确定零件加工基准并制定齿轮箱定位台阶轴的数控加工工艺，填写加工工序卡。

6. 能正确选用车削指令，编写齿轮箱定位台阶轴数控车加工程序。

建议学时：4学时。

学习过程

一、阅读生产任务单（表 1–22）

表 1–22　　齿轮箱定位台阶轴生产任务单

单位名称				完成时间	年　月　日	
序号	产品名称	材料	生产数量	技术标准、质量要求		
1	齿轮箱定位台阶轴	45 钢	30	按图样要求		
2						
3						
检测批准时间		年　月　日	批准人			
通知任务时间		年　月　日	发单人			
接单时间		年　月　日	接单人		生产班组	检测组

注：生产任务单与零件图等一起领取。

阅读表 1–22 齿轮箱定位台阶轴生产任务单，借助技术手册，查阅产品的生产材料牌号、用途及性能，并回答下列问题。

1．本任务所加工的零件采用的是哪种材料？其牌号表示什么含义？其切削加工性能怎样？有无热处理和硬度要求？

2．45 钢具有哪些特性和用途？

3．回转轴零件有哪些用途?

4．本生产任务工期为 5 天，请根据任务要求，制订合理的工作进度计划，并根据小组成员的特点进行分工，完成表 1–23 的填写。

表 1–23　　工作进度计划表

序号	工作内容	时间	成员	负责人
1	工艺分析			
2	编制程序			
3	程序检验与试切削调试			
4	车削加工			
5	成品检验与质量分析			

二、根据零件图，制定数控加工工序卡

1．识读齿轮箱定位台阶轴零件图

（1）分析零件图，明确加工内容（表面）及加工要求（偏差范围）。填写表 1–24，为制定加工工序做准备。

表 1-24　　零件的加工内容及加工要求

序号	加工内容（表面）	加工要求（偏差范围）

（2）通过分析零件图，明确加工表面基准，确定零件加工的工件坐标系原点（图示说明），为选择合理的对刀方法做准备。

（3）如图 1-1 所示的符号 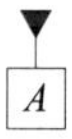 A 表示设计时在图样上所选定的基准，称为设计基准。查阅技术手册或咨询班组长等专业技术人员，解释基准符号所代表的含义。

（4）图 1–1 中除包含基本的尺寸信息外，还包含了径向圆跳动和同轴度几何公差信息，查阅技术手册或咨询班组长等专业技术人员，说明几何公差符号 | ↗ | 0.05 | A | 和 | ◎ | ϕ0.02 | A | 的含义。

2．加工方案的确定

（1）零件生产加工过程中，应采用怎样的装夹方案来保证零件图中的几何公差要求（可画出装夹方案草图）？

（2）结合零件的加工要求和结构特点，确定加工顺序及加工方法，完成表 1–25 的填写。

表 1–25 零件加工顺序及加工方法

序号	加工顺序	加工方法

3．刀具的选择

（1）根据零件图，所选刀具类型和参数应与被加工工件的表面尺寸、形状等相适应。在图 1–14 所示的刀具中选择合适的数控外轮廓车刀，并完成表 1–26 的填写。

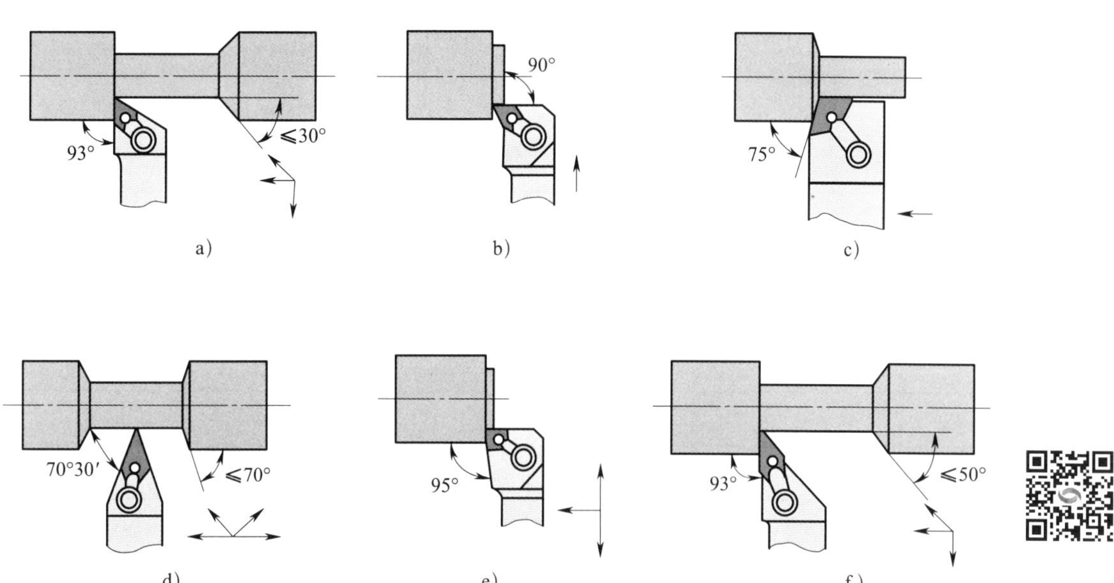

图 1-14　数控外轮廓车刀

表 1-26　数控外轮廓车刀类型

序号	名称	常用刀具圆弧半径 /mm	适用加工零件类型
a			
b			
c			
d			
e			
f			

（2）粗、精加工台阶轴时，数控车刀一般选择多大的刀尖半径？为什么？

（3）根据本任务零件的加工内容，结合问题（1）中的刀具类型，进行刀具的选择并完成表 1–27 刀具卡的填写。

表 1–27　　　　刀具卡

产品名称或代号			零件名称		零件图号	
刀具号	刀具名称		数量	加工内容	刀尖半径 / mm	刀具规格 /（mm×mm）

4．齿轮箱定位台阶轴数控加工工序卡的制定

在数控车削加工中，加工路线对加工表面的加工精度和质量有直接的影响，合理的加工路线应保证零件轮廓光滑，且能够避免加工表面产生刀痕。

（1）查阅资料，列出加工路线的确定原则。

（2）绘制出零件左、右端外轮廓表面精加工路线，并标出刀具进给方向及进、退刀点。

（3）根据以上工作，结合技术手册，常用硬质合金车刀切削用量可参考表 1–28，小组讨论（或独立）制定本任务零件数控加工工序，并完成表 1–29 数控加工工序卡的填写。

表 1–28　常用硬质合金车刀切削用量

工件材料	硬度	刀具材料：YT5					
		粗车	v_c/（m/min）	半精车	v_c/（m/min）	精车	v_c/（m/min）
碳素钢、合金结构钢	150 ~ 200HB	a_p=6.5 ~ 10 mm f=0.7 ~ 1 mm/r	60 ~ 75	a_p=2.5 ~ 6 mm f=0.35 ~ 0.65 mm/r	90 ~ 110	a_p=0.3 ~ 2 mm f=0.1 ~ 0.3 mm/r	120 ~ 150
	200 ~ 250HB		50 ~ 65		80 ~ 100		110 ~ 130
	250 ~ 325HB		60 ~ 80		60 ~ 80		75 ~ 90
	325 ~ 400HB		40 ~ 60		40 ~ 60		60 ~ 80

表 1–29　数控加工工序卡

单位名称		产品名称或代号		零件名称		零件图号	
工序号	程序编号	夹具名称		使用设备		车间	
工步号	工步内容	刀具号	刀具规格 /（mm × mm）	主轴转速 /（r/min）	进给速度 /（mm/min）	背吃刀量 / mm	备注
编制		审核		批准		共　页	第　页

三、编制齿轮箱定位台阶轴加工程序

1．在图 1–15 所示齿轮箱定位台阶轴零件图中绘制出工件坐标系原点和轮廓编程基点，并写出编程基点的绝对坐标（如工件坐标系原点不止一个，则需要做简要说明）。

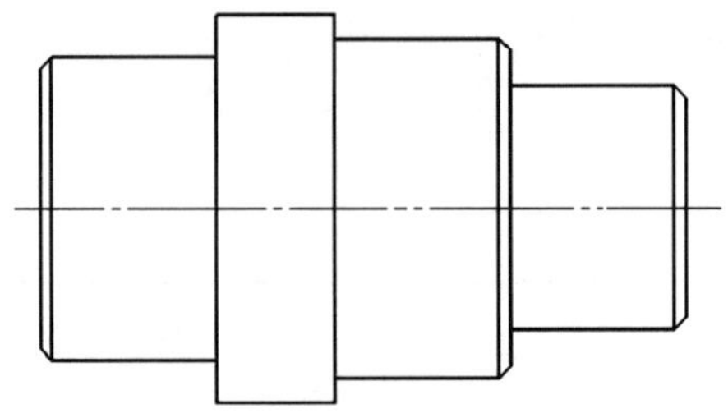

图 1–15　齿轮箱定位台阶轴零件图

2．刀位点的定义是什么？刀位点与编程基点是否为同一点？

3．一个完整的程序由哪几部分组成？程序中的程序段又由哪些部分构成？

4．编制齿轮箱定位台阶轴的数控车削程序最好选用哪些切削指令？为什么？

5．根据零件加工步骤及编程分析，完成表 1–30 和表 1–31 齿轮箱定位台阶轴左、右端的数控车削程序。

表 1–30　零件左端加工程序

	O0001;	零件左端程序名
程序段号	加工程序	程序说明
N5		
N10		
N15		
N20		
N25		
N30		
N35		
N40		
N45		
N50		

表 1–31　零件右端加工程序

	O0002;	零件右端程序名
程序段号	加工程序	程序说明
N5		
N10		
N15		
N20		
N25		
N30		
N35		
N40		
N45		
N50		

学习活动 4　齿轮箱定位台阶轴的数控车加工

学习目标

1. 能了解车间与工作区的范围和限制，理解企业对环境、安全、卫生和事故的预防标准。

2. 能够检查工作区、设备、工具、材料的状况和功能。

3. 能正确装夹工件，并对其进行找正。

4. 能根据零件图，选择符合加工要求的工具、量具、夹具及辅具。

5. 能正确安装刀具，用试切法正确对刀，建立工件坐标系。

6. 能正确进行程序的编辑、输入、调试与优化，并解除在此过程中出现的报警问题。

7. 能在零件加工过程中，严格按照数控车床操作规程操作机床。

8. 能规范、熟练地使用游标卡尺、千分尺等通用量具在加工过程中进行适时测量，及时调整加工参数，保证零件精度。

9. 能解决加工过程中出现的常见报警和机床故障问题。

10. 能按车间现场“6S”管理规定和产品工艺流程的要求，整理现场，正确放置工具、产品，对机床、工具进行维护保养，并规范填写保养记录表。

建议学时：16 学时。

学习过程

一、加工准备

1．着装自检

根据生产车间着装管理规定，进行着装自检，并填入表 1–32 中。

表 1–32　车间生产着装自检表

序号	着装要求	自检结果
1	若留长发，需束起并戴工作帽	
2	不可佩戴挂牌、项链等物件	
3	衣领外翻平整	
4	上衣拉链拉至领口处，纽扣扣好	
5	口袋上盖平整扣好，口袋内不放置笔、工作证以外的物品	
6	手臂侧兜内不放置笔以外的物品	
7	袖口和下摆两侧纽扣扣好	
8	不着裙装，不穿短裤	
9	正确穿着工作鞋，不穿拖鞋、凉鞋、高跟鞋	

2．选择工具、量具、刀具

填写表 1–33 工具、量具、刀具清单，并领取工具、量具、刀具。

表 1–33　工具、量具、刀具清单

序号	名称	规格	数量	备注
1				
2				
3				
4				
5				

3．熟悉工作环境

了解数控车间与工作区的范围和限制，理解企业对环境、安全、卫生和事故预防的标准。

4．领取毛坯

领取毛坯，测量并记录所领毛坯的实际外形尺寸，判断毛坯是否有足够的加工余量及其外形是否满足加工条件。

二、零件的数控车加工

1．开机准备

（1）写出开机前的主要检查及准备工作（如给数控车床相关部位加油、检查油标并记录数值，判断是否达到后续操作要求等）。

（2）开机回零，并记录机床回零数值。观察回零时的机械坐标、绝对坐标和相对坐标数值是否相同，如果数值不同，为什么？

（3）简述开机后主轴预热的时间要求。

2．安装毛坯

（1）如果毛坯安装不正或未完全夹紧，在加工中会出现什么情况？装夹时如何避免此类情况？

（2）本任务中加工零件分为两次装夹，两次装夹中是否都需要用百分表找正？为什么？

（3）两次装夹中，分别以__________和___________为两次装夹的定位基准，来保证零件的加工工艺要求。

（4）简述工件装夹百分表找正的操作步骤。

3．安装刀具和试切法对刀

车刀的安装必须满足三个基本要求，即伸出长度、刀尖高度、工作角度。

（1）简述数控外圆车刀的安装要求。

（2）如果刀具安装不到位，会出现什么情况？

4．校验对刀精度

对刀精度直接影响到零件加工生产的结果。若对刀不正确，则可能会出现刀具和设备、工件的不良干涉，发生安全事故；若对刀不精确，则会影响零件的加工精度。

（1）如何检验对刀精度？简述检验对刀精度的操作步骤。

（2）如对刀精度校验过程中发生“刀具 $+X$ 轴向过行程”报警，是什么原因造成的？如何解除报警？

5．编辑与校验程序

（1）相同程序名的程序同时输入、存储到数控系统中会发生什么情况？说明发生这种现象的原因，并简述解决方案。

（2）简述图形显示功能校验程序的操作步骤。

（3）图形显示功能校验可检验程序的哪些内容？

（4）在表 1–34 中记录程序输入和校验时产生的报警号，并说明产生报警的原因及解决办法。

表 1–34　　报警内容记录单

报警号	报警内容	报警原因	解决办法

6．自动加工

（1）简述自动加工单步试切的操作步骤。

（2）调出加工程序，依次进行台阶轴的左、右端轮廓加工，在第二次掉头装夹时保证零件总长尺寸。在加工过程中，对刀误差、测量误差、机床间隙误差都会使加工零件产生尺寸误差。因此，在首件试切时，一般粗加工完，适时测量尺寸，根据尺寸误差，调整刀具补正参数，保证零件尺寸精度。

①二次装夹时，装夹表面是已加工表面，如何防护?

②简述调整刀具补正参数，保证零件尺寸精度的方法。

③为了保证零件加工精度，将零件左、右端轮廓粗、精加工中调试加工参数的名称及数据填入表 1–35 中，并分析其产生原因。

表 1–35　　左、右端轮廓调试加工参数名称及数值

序号	调试前加工参数名称	数据值	调试后数据值

产生原因：

（3）加工中注意观察刀具切削加工情况，在表 1–36 中记录加工中不合理的因素及出现的问题，以便于纠正，提高工作效率（如切削用量、刀具加工路径等是否合理，刀具是否有干涉等）。

表 1–36 加工中遇到的问题

问题	分析原因	预防措施	改进方法

（4）加工完毕，综合检测零件加工尺寸是否符合图样要求。若合格，将工件卸下，进行下一件的加工；若不合格，分析报废的原因并提出改进措施。

（5）根据零件加工路径，估算零件加工时间（估算方法：总时间约为实际加工路径的总距离除以进给量，再加上装夹零件和刀具、编程、调整参数等辅助时间）是否满足生产时间要求，为后续批量生产或工艺修调做准备。

三、保养机床，清理场地

加工完毕，按照图样要求进行自检，正确放置零件，并进行产品交接确认；按照国家环保相关规定和车间要求整理现场，清扫切屑，保养机床（表 1–37），并正确处置废油液等废弃物；按车间规定填写设备日常保养记录卡（附表 1）。

表 1–37　机床清理操作

项目	操作步骤
机床清理	拆卸刀具和零件，工具、量具、刀具规范放置
	机床轴向移至机床参考点附近
	用毛刷将导轨平面、刀架和卡盘间隙的铁屑清扫干净
	将机床导轨及刀架擦拭干净
	清扫机床铁屑盘里的铁屑，将铁屑放置规定排放处
	导轨面、卡盘间隙处、刀架涂防锈油
	关机

（1）查阅资料，简述“6S”管理规定。

（2）简述整理工作现场时，零件、工具、刀具的放置规范和保养要求。

学习活动 5　齿轮箱定位台阶轴的检验与加工质量分析

学习目标

1. 能根据零件图，合理选择检验量具。

2. 能规范、熟练地使用游标卡尺、千分尺等通用量具，对齿轮箱定位台阶轴进行检测并判断加工质量，分析误差原因，优化加工策略。

3. 能对游标卡尺、千分尺等通用量具进行保养和维护。

建议学时：2 学时。

学习过程

一、明确测量要素，选取检测量具

1．查阅资料，识别图 1–16 所示量具并完成表 1–38 中量具的名称及其测量内容的填写。

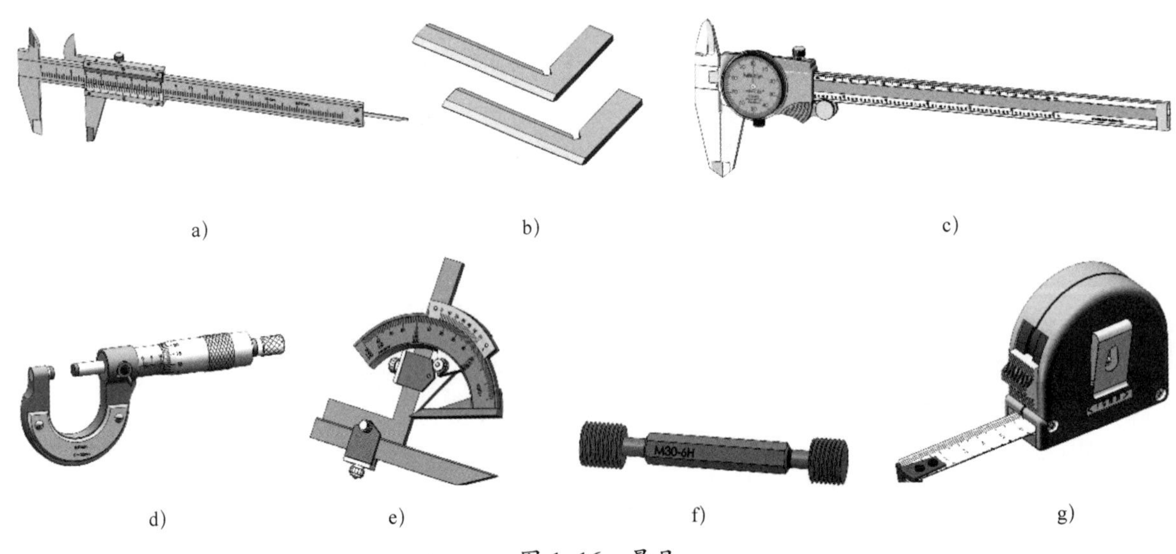

图 1–16　量具

表 1–38　　量具

序号	量具名称	测量内容
a		
b		
c		
d		
e		
f		
g		

2．采用什么量具测量同轴度公差和轴向圆跳动公差？几何公差需要全部测量吗？为什么？

3．如何测量同轴度公差和轴向圆跳动公差？

4．根据零件的被测量要素，填写表 1–39 中的检测内容及其所对应的量具。

表 1–39　　检测内容及其所对应的量具

序号	量具名称	量具规格（精度）	检测内容	备注

二、检测齿轮箱定位台阶轴零件，填写表 1–40

表 1–40　　齿轮箱定位台阶轴零件检测表

工件编号		配分	项目与技术要求	评分标准	检测记录	得分
序号	名称					
1	主要尺寸（48 分）	8	$\phi 25_{-0.021}^{0}$ mm	超差不得分		
2		8	$\phi 32_{-0.025}^{0}$ mm	超差不得分		
3		8	$\phi 28_{-0.021}^{0}$ mm	超差不得分		
4		8	ϕ 20 mm	超差不得分		
5		8	↗ 0.015 A	超差不得分		
6		8	◎ ϕ0.02 A	超差不得分		
7	次要尺寸（25 分）	5	$30_{0}^{+0.05}$ mm	超差不得分		
8		5	（55 ± 0.1）mm	超差不得分		
9		5	15 mm	超差不得分		
10		4	$15_{0}^{+0.05}$ mm	超差不得分		
11		2 × 3	*C*1 mm（3 处）	超差不得分		
12	表面粗糙度（12 分）	2 × 3	*Ra*1.6 μm（3 处）	降级不得分		
13		2 × 3	*Ra*3.2 μm（3 处）	降级不得分		
14	主观评分（10 分）	3.5	已加工零件倒角、倒圆、去毛刺是否符合图样要求			
15		3.5	已加工零件是否有划伤、碰伤和夹伤			
16		3	已加工零件与图样要求的一致性以及其余表面粗糙度			
17	更换毛坯（5 分）	5	是否更换毛坯	是 / 否		
18	职业素养	扣分	能正确穿戴工作服、工作鞋、安全帽等劳动防护用品。每违反一项扣 2 分			
19			能按机床使用规范正确进行开关机、对刀等基本操作。每误操作一次扣 2 分			
20			能规范使用及保养工具、量具和辅具。每违规操作一次扣 2 分			
21			能做好设备清洁、保养工作。不清洁、不保养扣 3 分；保养不彻底扣 2 分			
总配分			100	总得分		

三、根据产品加工质量情况分析并提出工艺方案修改意见

对不合格项目进行分析、讨论，小组提出工艺方案修改意见，完成表 1–41 的填写。

表 1–41　　加工质量分析表

不合格项目	工作任务项目	产生原因	预防及改进措施

四、常用量具保养

了解游标卡尺、千分尺等通用量具的保养规则，使用完后按要求保养、放置。

简述游标卡尺与千分尺使用后的清洁保养方法。

五、正确放置零件，并进行产品交接确认

学习活动 6　工作总结与评价

学习目标

1. 能按照齿轮箱定位台阶轴加工综合评价表完成自评。

2. 能按分组情况派代表展示零件加工成果，使用专业术语讲述本任务的完成情况，并做分析总结。

3. 能认真倾听他人展示汇报，并接受其他组的点评意见。

4. 能反思总结工作经验，提出改进措施，优化加工策略。

5. 能在作业过程中严格执行企业操作规范、安全生产制度、环保管理制度以及“6S”管理规定，严格遵守从业人员的职业道德，树立吃苦耐劳、爱岗敬业的工作态度和职业责任感。

6. 能与班组长、工具管理员等相关人员进行有效的沟通与合作，理解有效沟通和团队合作的重要性。

7. 能结合自身任务完成情况，正确、规范地撰写工作总结（心得体会）。

建议学时：4 学时。

学习过程

学习评价以学习目标为导向，围绕学习过程设计评价要点，依据多元评价理论，从不同角度关注学生综合职业能力和职业素质的养成。在教学过程中，学习评价由自我评价、小组评价和教师评价三部分组成，检验并提升学生的综合职业能力。学生最终成绩按下式进行计算：总评成绩 = 自我评价（40%）+ 小组评价

（10%）+ 教师评价（50%）。

一、自我评价

学生通过自我评价发现自己存在的问题和不足，自我评价总分占学习评价的 40%（其中产品评价占 20%，自我评价占 20%）。

学生自我评价表见附表 2。

二、小组评价

小组评价由“组内工作过程考核互评”和“组间展示互评”两部分组成。“组内工作过程考核互评”让学生在评价别人和接受别人评价中发现问题、解决问题。“组间展示互评”把个人制作好的零件先进行分组展示，再由小组推荐代表做工作过程的介绍。在展示的过程中，以组为单位进行评价；评价完成后，根据其他组成员对本组展示的成果评价意见进行归纳总结。通过组内和组间互相考核，促进学生按规范认真完成工作任务，也使评价者在互评中完成知识学习和素质养成，小组评价总分占学习评价的 10%。

组内工作过程考核互评表见附表 3。

组间展示互评表见附表 4。

三、教师评价

教师评价的目的是提供有效的诊断和反馈，强化和改进教学的实施，对学生的学习过程进行评价。首先，教师对展示的作品分别做评价：一是找出各组的优点进行点评。二是对展示过程中各组的缺点进行点评，提出改进方法。三是对整个任务完成中出现的亮点和不足进行点评。其次，教师在教学过程中，根据学生的具体行为表现，按教师评价指标进行评价，教师评价总分占学习评价的 50%。

教师评价表见附表 5。

四、总结提升

1．一个完整合格的交流展示汇报，要注意做到哪些方面？

2．团队协作中要注意哪些问题？团队成员之间应如何保证有效沟通？

3．本任务所学知识还可以运用到哪些类型产品或零件的加工中？

4．试结合自身任务完成情况，通过交流、讨论等方式较全面、规范地撰写本任务的工作总结（包含影响产品质量的因素、工艺顺序安排的依据和重要性、企业制订工作生产计划的理由等）。

工作总结（心得体会）

任务拓展

齿轮轴的数控车加工

一、零件图

某企业接到一批齿轮轴零件（图 1–17）加工订单，数量为 30 件。来料加工，材料为 45 钢，毛坯尺寸为 ϕ45 mm×72 mm，交货期为 7 天。该零件为回转体零件，生产主管计划用数控车床进行加工。

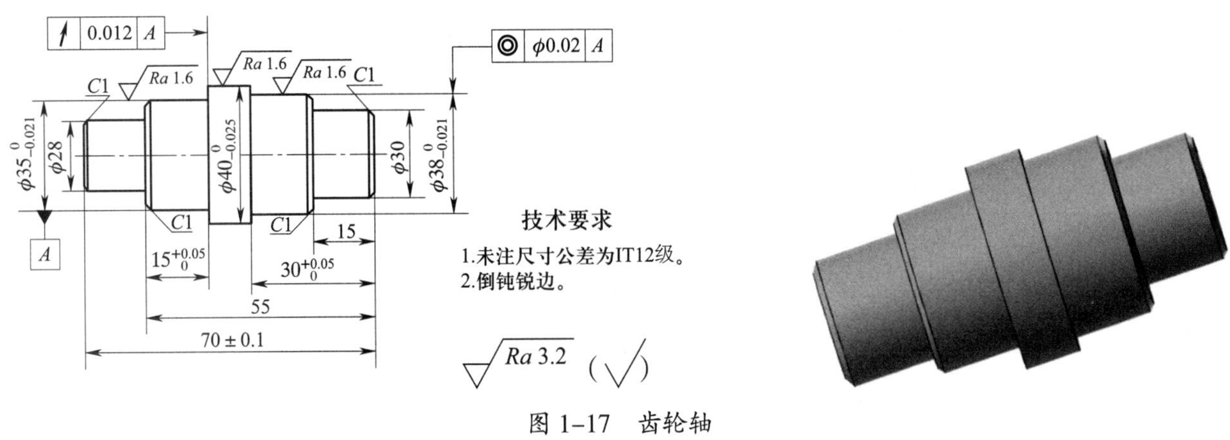

图 1–17　齿轮轴

二、评分标准

按表 1–42 所示项目和技术要求检测齿轮轴是否合格。

表 1–42　　齿轮轴零件检测表

工件编号		配分	项目与技术要求	评分标准	检测记录	得分
序号	名称					
1	主要尺寸（48 分）	8	$\phi 35_{-0.021}^{0}$ mm	超差不得分		
2		8	$\phi 40_{-0.025}^{0}$ mm	超差不得分		
3		8	$\phi 38_{-0.021}^{0}$ mm	超差不得分		
4		8	ϕ28 mm，ϕ30 mm	超差不得分		
5		8	↗ 0.012 A	超差不得分		
6		8	◎ ϕ0.02 A	超差不得分		
7	次要尺寸（25 分）	5	$30_{0}^{+0.05}$ mm	超差不得分		
8		5	$15_{0}^{+0.05}$ mm	超差不得分		
9		5	（70 ± 0.1）mm	超差不得分		
10		2×2	55 mm，15 mm	超差不得分		
11		1.5×4	C1 mm（4 处）	超差不得分		

续表

工件编号		配分	项目与技术要求	评分标准	检测记录	得分
序号	名称					
12	表面粗糙度（12 分）	3×3	$Ra1.6$ μm（3 处）	降级不得分		
13		1.5×2	$Ra3.2$ μm（2 处）	降级不得分		
14	主观评分（10 分）	3.5	已加工零件倒角、倒圆、去毛刺是否符合图样要求			
15		3.5	已加工零件是否有划伤、碰伤和夹伤			
16		3	已加工零件与图样要求的一致性以及其余表面粗糙度			
17	更换毛坯（5 分）	5	是否更换毛坯	是 / 否		
18	职业素养	扣分	能正确穿戴工作服、工作鞋、安全帽等劳动防护用品。每违反一项扣 2 分			
19			能按机床使用规范正确进行开关机、对刀等基本操作。每误操作一次扣 2 分			
20			能规范使用及保养工具、量具和辅具。每违规操作一次扣 2 分			
21			能做好设备清洁、保养工作。不清洁、不保养扣 3 分；保养不彻底扣 2 分			
总配分			100	总得分		

世赛知识

世界技能大赛的特点

世界技能大赛每两年举办一届，是当今世界地位最高、规模最大、影响力最大的职业技能赛事，被誉为“世界技能奥林匹克”，代表了职业技能发展的世界先进水平，是世界技能组织成员展示和交流职业技能的重要平台。

世界技能大赛具有代表性、开放性和规范性三大特点。

一、代表性

1. 竞赛理念、技术标准、比赛规则、工作流程和组织方式代表了当今世界职业技能竞赛领域的较高水准。

2. 完整的竞赛项目设立和取消制度，确保能够体现全球职业范围内行业发展趋势和业界新动态。

3. 技术标准从企业生产和服务实践中进行归纳梳理，以保障标准和比赛试题能充分体现该职业所需的最新职业能力。

4. 对各国和地区的技能竞赛、技能人才培养体系建设具有引领示范作用。

二、开放性

1. 面向社会公众全面开放。

2. 竞赛期间举行技能体验、技术交流等活动，促进了技术技能的展示与传播。

3. 来自各国和地区的专家、教练、选手以及从事职业教育培训工作的相关人员在比赛期间能够进行相应的技术交流。

三、规范性

1. 世界技能大赛秉持“公平、公正、公开”的原则，在试题开发、评分标准、成绩确认等环节均有严格的规范性程序要求。

2. 注重规则意识、质量意识、安全意识和绿色环保意识。

学习任务二　手柄的数控车加工

学习目标

1. 能了解数控车间与工作区的范围和限制，理解企业对生产车间环境、安全、卫生、生产和事故的预防标准。

2. 能根据加工任务书，通过小组讨论，明确工作任务和要求，共同制订合理的工作计划。

3. 能借助技术手册，查阅任务零件尺寸精度要求等知识，读懂零件图，写出其尺寸、表面粗糙度、公差、材料等信息，指出各信息的意义。

4. 能根据任务书、零件图加工要求，通过查阅数控加工工艺学，分析并制定零件的数控加工工艺，完成加工工序卡的填写。

5. 能合理选择编程指令，完成手柄加工程序的编制。

6. 能独立操作数控车床，完成手柄的加工，并解决在此过程中出现的简单报警和加工精度问题。

7. 能规范、熟练地使用半径样板、检测样板等通用量具，对手柄进行检测并判断加工质量，分析误差原因，优化加工策略。

8. 能按车间现场“6S”管理规定和产品工艺流程的要求，整理现场，正确放置工具、产品，对机床、工具进行维护保养，并规范填写保养记录表。

9. 能与班组长、工具管理员等相关人员进行有效的合作与沟通，理解有效沟通和团队合作的重要性。

10. 能积极主动汇报工作成果，对学习工作过程中出现的问题进行反思总结，优化方案和策略，具备知识迁移能力。

建议学时

42 学时。

工作情境描述

某企业接到一批手柄（图 2-1）加工订单，数量为 30 件。来料加工（定位小孔已加工好），材料为 45 钢，毛坯尺寸为 ϕ35 mm×95 mm，交货期为 6 天。该零件由特型面握柄、定位孔和圆柱体三部分组成，生产主管计划用数控车床进行加工。

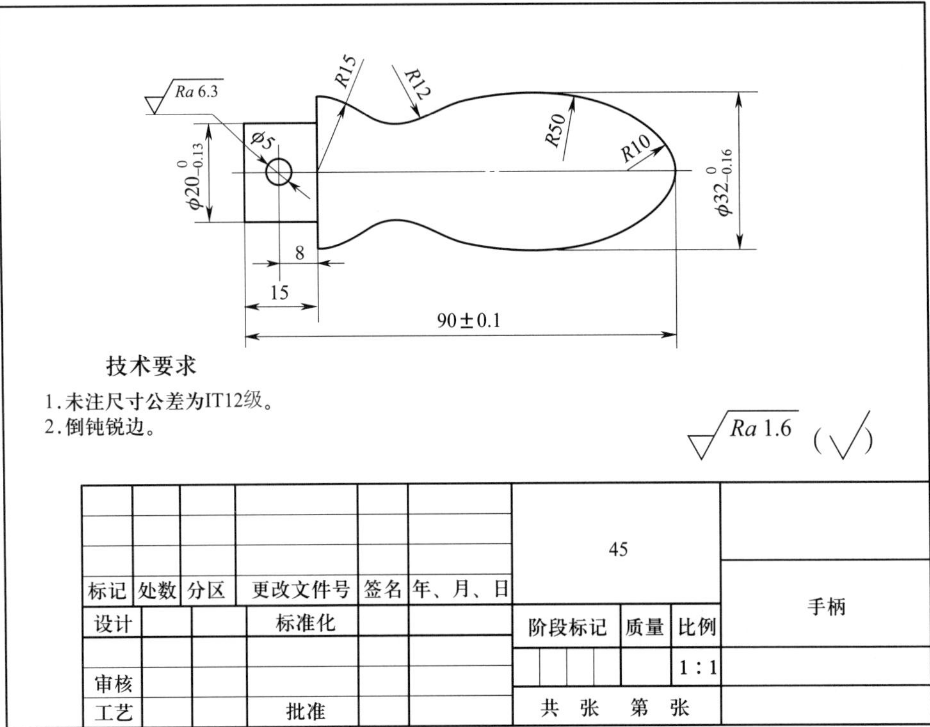

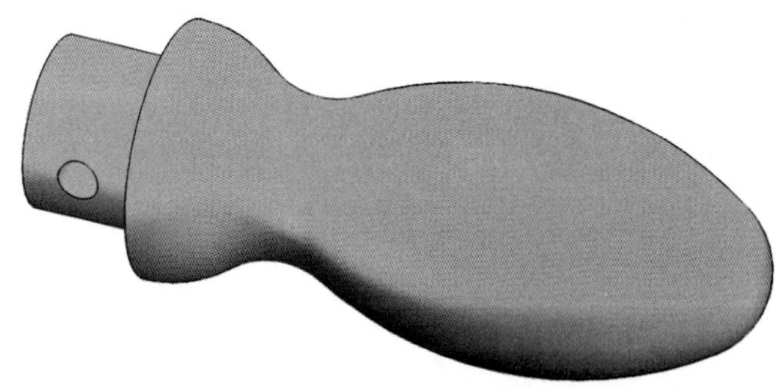

图 2-1　手柄

工作流程与活动

1．手柄的工艺分析与编程（6 学时）

2．手柄的数控车加工（30 学时）

3．手柄的检验与加工质量分析（2 学时）

4．工作总结与评价（4 学时）

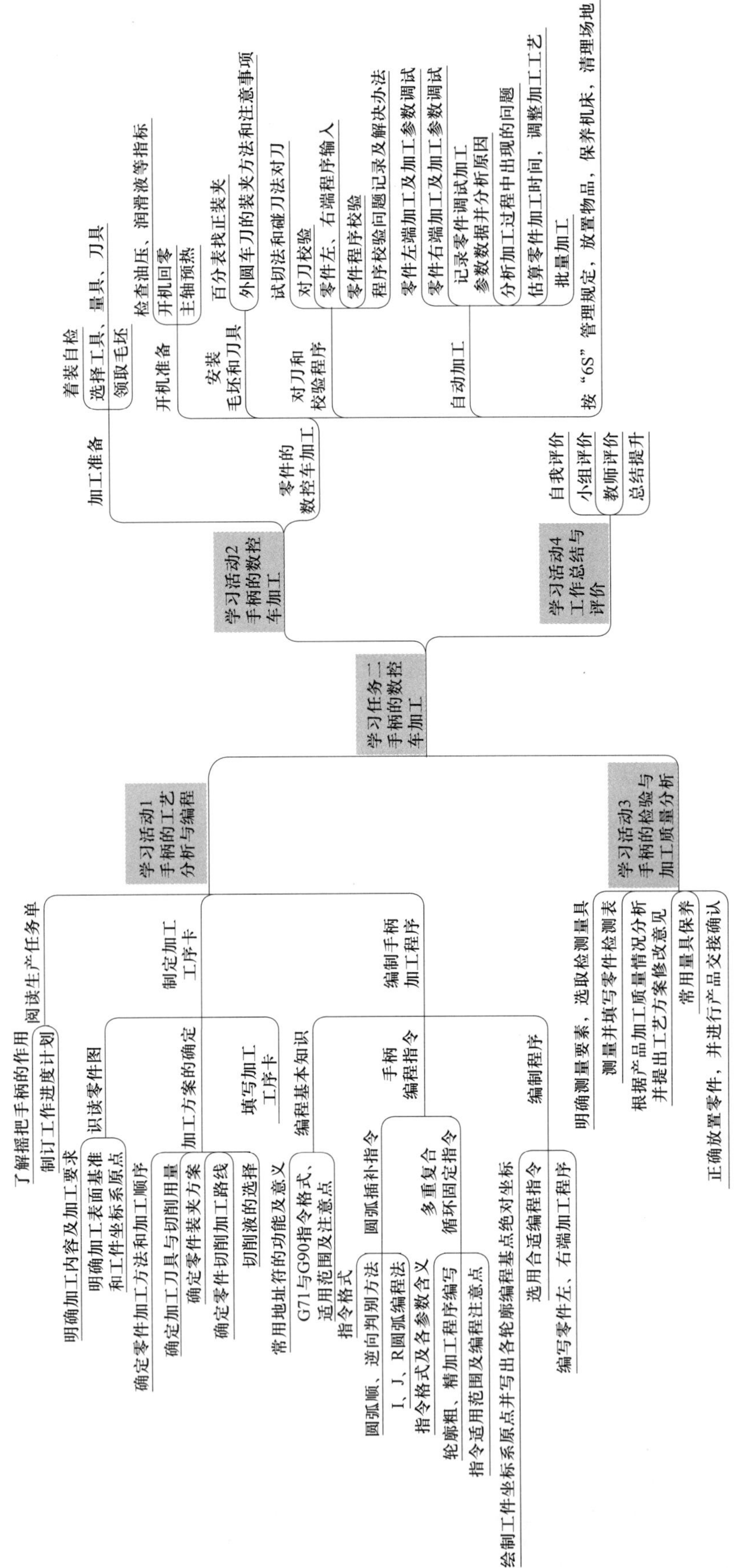
学习任务二
手柄的数控
车加工
学习活动1
手柄的工艺
分析与编程
阅读生产任务单
了解摇把手柄的作用
制订工作进度计划
制定加工
工序卡
识读零件图
明确加工内容及加工要求
明确加工表面基准
和工件坐标系原点
加工方案的确定
确定零件加工方法和加工顺序
确定加工刀具与切削用量
确定零件装夹方案
确定零件切削加工路线
切削液的选择
填写加工
工序卡
编制手柄
加工程序
编程基本知识
常用地址符的功能及意义
G71与G90指令格式、
适用范围及注意点
手柄
编程指令
圆弧插补指令
指令格式
圆弧顺、逆向判别方法
I、J、R圆弧编程法
多重复合
循环固定指令
指令格式及各参数含义
轮廓粗、精加工程序编写
指令适用范围及编程注意点
编制程序
绘制工件坐标系原点并写出各轮廓编程基点绝对坐标
选用合适编程指令
编写零件左、右端加工程序
学习活动3
手柄的检验与
加工质量分析
明确测量要素，选取检测量具
测量并填写零件检测表
根据产品加工质量情况分析
并提出工艺方案修改意见
常用量具保养
正确放置零件，并进行产品交接确认
学习活动2
手柄的数控
车加工
加工准备
着装自检
选择工具、量具、刀具
领取毛坯
零件的
数控车加工
开机准备
检查油压、润滑液等指标
开机回零
主轴预热
安装
毛坯和刀具
百分表找正装夹
外圆车刀的装夹方法和注意事项
对刀和
校验程序
试切法和碰刀法对刀
对刀校验
零件左、右端程序输入
零件程序校验
程序校验问题记录及解决办法
自动加工
零件左端加工及加工参数调试
零件右端加工及加工参数调试
记录零件调试加工
参数数据并分析原因
分析加工过程中出现的问题
估算零件加工时间，调整加工工艺
批量加工
按“6S”管理规定，放置物品，保养机床，清理场地
学习活动4
工作总结与
评价
自我评价
小组评价
教师评价
总结提升

学习活动 1　手柄的工艺分析与编程

学习目标

1. 能阅读生产任务单，明确工作任务，通过小组讨论，共同制订合理的加工工作进度计划。

2. 能借助技术手册，查阅任务零件尺寸精度要求等知识，读懂零件图，写出其尺寸、表面粗糙度、公差、材料等信息，指出各信息的意义。

3. 能根据加工工艺、零件材料和零件形状特征等要求，查阅技术手册，合理选择刀具及切削用量。

4. 能根据零件工艺要求，正确选择车削加工方法。

5. 能合理选用切削液，并说出其作用。

6. 能根据任务书、零件图加工要求，通过查阅数控加工工艺学，确定零件加工基准并制定手柄的数控加工工艺，填写加工工序卡。

7. 能根据零件图基点坐标，写出点绝对坐标数值。

8. 能通过圆弧指令和复合循环指令的学习，写出 G02、G03、G73 指令的格式及各参数的含义。

9. 能正确选用车削指令，编写手柄数控车加工程序。

建议学时：6 学时。

学习过程

一、阅读生产任务单（表 2–1）

表 2–1　　　　手柄生产任务单

单位名称				完成时间	年　月　日	
序号	产品名称	材料	生产数量	技术标准、质量要求		
1	手柄	45 钢	30	按图样要求		
2						
3						
检测批准时间		年　月　日	批准人			
通知任务时间		年　月　日	发单人			
接单时间		年　月　日	接单人		生产班组	检测组

注：生产任务单与零件图等一起领取。

阅读表 2–1 手柄生产任务单，明确零件名称、材料、数量和完成时间，并回答下列问题。

1．数控车床上的摇把手柄有什么作用?

2．本生产任务工期为 5 天，请根据任务要求，制订合理的工作进度计划，并根据小组成员的特点进行分工，完成表 2–2 的填写。

表 2–2　　　　工作进度计划表

序号	工作内容	时间	成员	负责人
1	工艺分析			
2	编制程序			
3	程序检验与试切削调试			
4	车削加工			
5	成品检验与质量分析			

二、根据零件图，制定数控加工工序卡

1．识读手柄零件图

借助技术手册，查阅任务零件尺寸精度要求等知识，写出其尺寸、表面粗糙度、公差、材料等信息。

（1）分析零件图，明确加工内容（表面）及加工要求（偏差范围）。填写表 2-3，为制定加工工艺做准备。

表 2-3　　零件的加工内容及加工要求

序号	加工内容（表面）	加工要求（偏差范围）

（2）通过分析零件图，明确加工表面基准，确定零件加工的工件坐标系原点（图示说明），为选择合理的对刀方法做准备。

2．加工方案的确定

结合零件的加工要求和结构特点，确定加工顺序及加工方法，填写表 2–4。

表 2–4　零件加工顺序及加工方法

序号	加工顺序	加工方法

3．刀具的选择

数控车床主要用于回转表面的外轮廓加工时，常见的加工内容有：外圆柱面、圆锥面、圆弧面、螺纹、沟槽、切断等。不同的外轮廓形状对刀具参数的选择也有不同要求，应注意刀具及刀具角度的正确选择，以保证刀具在加工过程中与工件不产生干涉。图 2–2 所示为外圆车刀加工示意图，回答下列问题。

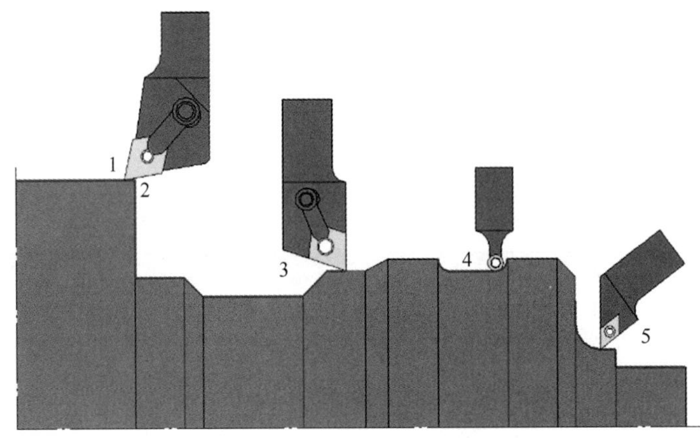

图 2–2　外圆车刀加工示意图

（1）该零件在选择外圆车刀时，应注意哪些刀具参数尺寸？刀片形状最好选择哪种？为什么？

（2）如采用图 2–3 所示的菱形刀片可转位车刀加工手柄，其刀尖角为 35°、副偏角为 52°是否合适？为什么？

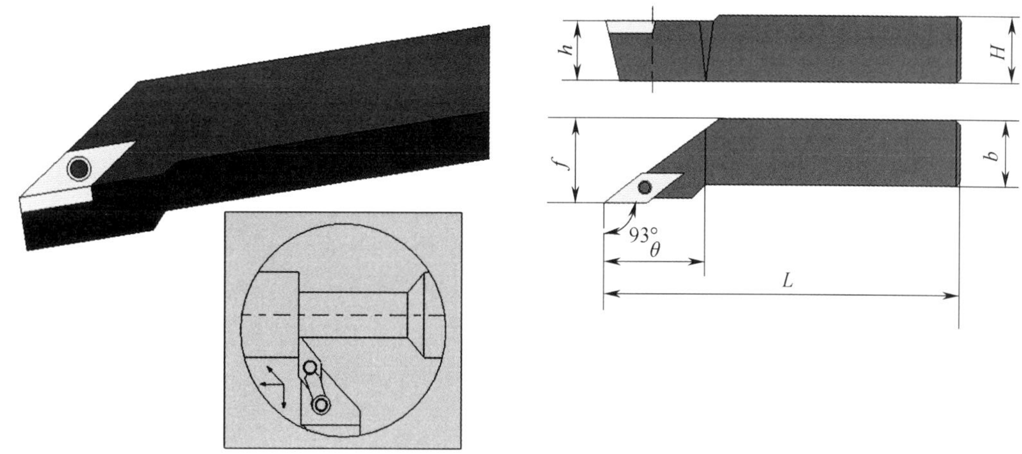

图 2–3　菱形刀片可转位车刀

（3）根据本任务零件的加工内容，进行刀具的选择，并完成表 2–5 刀具卡的填写。

表 2–5　　刀具卡

产品名称或代号		零件名称		零件图号	
刀具号	刀具名称	数量	加工内容	刀尖半径 / mm	刀具规格 /（mm×mm）

4．切削用量的选择

金属切削加工的三大要素是被加工材料、切削工具、切削用量，这三要素决定着加工时间、刀具寿命和加工质量。经济有效的加工方式需要合理选择切削用量。

（1）简述切削用量的三要素和各自的选择原则。

（2）查阅刀具切削用量手册（见表 1–28 常用硬质合金车刀切削用量），选择合适的切削用量，完成表 2–6 的填写。

表 2–6　　刀具切削用量表

刀具号	刀具名称	加工内容	主轴转速 /（r/min）	进给速度 /（mm/min）	背吃刀量 / mm

5．装夹方案的选择

根据手柄的结构特点和加工方式，为本加工任务选择夹紧方案及夹具。

6．加工路线的确定

在图 2–4 所示手柄中绘制出手柄左、右端外轮廓表面的精加工路线，并标出刀具进给方向及进、退刀点。

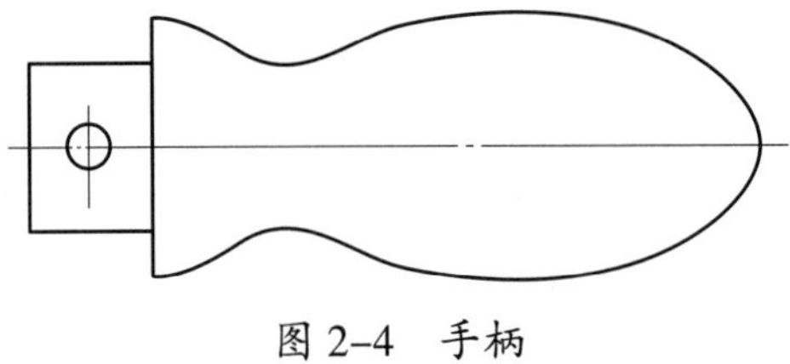

图 2–4　手柄

7．切削液的选择

（1）查阅资料，简述常用切削液的种类和适用场合。

（2）根据手柄的材料、所选用的加工刀具和加工方法等因素，确定本任务是否需要使用切削液。若需要，应选择哪种切削液？

8．手柄数控加工工序卡的制定

小组讨论（或独立）制定本任务零件数控加工工序，并完成表 2–7 数控加工工序卡的填写。

表 2–7　　数控加工工序卡

<table>
<tr><td rowspan="2">单位名称</td><td rowspan="2"></td><td colspan="2">产品名称或代号</td><td colspan="2">零件名称</td><td colspan="2">零件图号</td></tr>
<tr><td colspan="2"></td><td colspan="2"></td><td colspan="2"></td></tr>
<tr><td>工序号</td><td>程序编号</td><td colspan="2">夹具名称</td><td colspan="2">使用设备</td><td colspan="2">车间</td></tr>
<tr><td></td><td></td><td colspan="2"></td><td colspan="2"></td><td colspan="2"></td></tr>
<tr><td>工步号</td><td>工步内容</td><td>刀具号</td><td>刀具规格 /（mm×mm）</td><td>主轴转速 /（r/min）</td><td>进给速度 /（mm/min）</td><td>背吃刀量 / mm</td><td>备注</td></tr>
<tr><td></td><td></td><td></td><td></td><td></td><td></td><td></td><td></td></tr>
<tr><td></td><td></td><td></td><td></td><td></td><td></td><td></td><td></td></tr>
<tr><td></td><td></td><td></td><td></td><td></td><td></td><td></td><td></td></tr>
<tr><td></td><td></td><td></td><td></td><td></td><td></td><td></td><td></td></tr>
<tr><td></td><td></td><td></td><td></td><td></td><td></td><td></td><td></td></tr>
<tr><td></td><td></td><td></td><td></td><td></td><td></td><td></td><td></td></tr>
<tr><td></td><td></td><td></td><td></td><td></td><td></td><td></td><td></td></tr>
<tr><td>编制</td><td></td><td>审核</td><td></td><td>批准</td><td></td><td>共　页</td><td>第　页</td></tr>
</table>

三、编制手柄加工程序

1．编程基本知识

（1）填写表 2–8 中常用地址符的功能及意义。

表 2-8　　常用地址符的功能及意义

地址符	功能	意义
O		
N		
G		
X、Y、Z A、B、C U、V、W		
R		
I、J、K		
F		
S		
T		
M		
H、D		
P、X		

（2）根据 G71 与 G90 指令的编程特点，完成表 2-9 的填写。

表 2-9　　G71 与 G90 指令

G71 指令格式	适用加工零件类型	注意点
G90 指令格式	适用加工零件类型	注意点

2．手柄编程指令

通过对圆弧插补指令 G02/G03 和复合循环指令 G73 的学习，回答下列问题。

（1）根据圆弧插补指令，写出不同弧度圆弧的指令格式（表 2-10）。

表 2-10　　圆弧插补指令格式

圆弧类型	圆弧插补指令格式	R 取值（正负）
$0° < \alpha \leqslant 180°$		
$180° < \alpha < 360°$		
$0° < \alpha \leqslant 360°$		

（2）简述 G02/G03 指令的判定方法。

（3）根据图 2–5 所示的两个圆弧的运动方向，判别并填写圆弧插补指令。

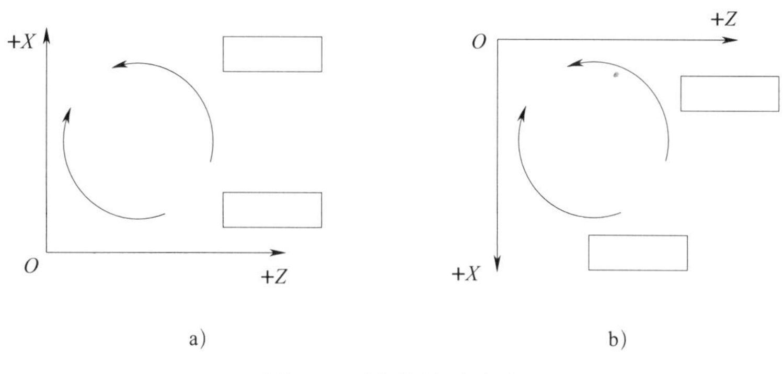

图 2–5　圆弧运动方向

a）后置刀架　b）前置刀架

（4）根据图 2–6 所示 *AB*1 和 *AB*2 圆弧段的运动方向，分别用 I、J 和 R 的圆弧编程方法完成表 2–11 圆弧程序段。

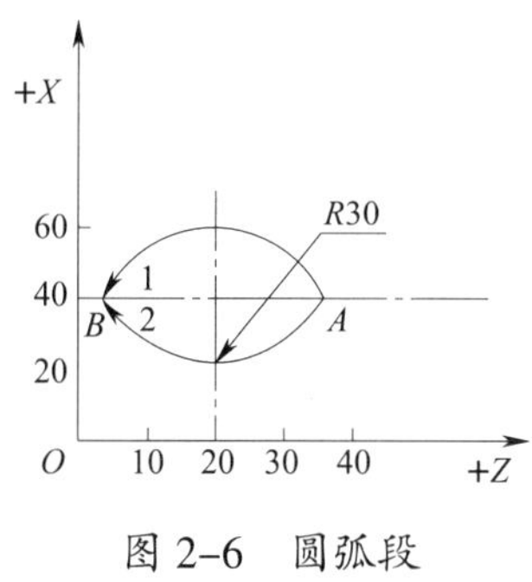

图 2–6　圆弧段

表 2–11　圆弧程序段

程序段	编程方式	程序
*AB*1	R 方式	
	I、J 方式	
*AB*2	R 方式	
	I、J 方式	

（5）仔细观察图 2–7 所示手柄零件图和刀具加工路线，根据要求回答问题。

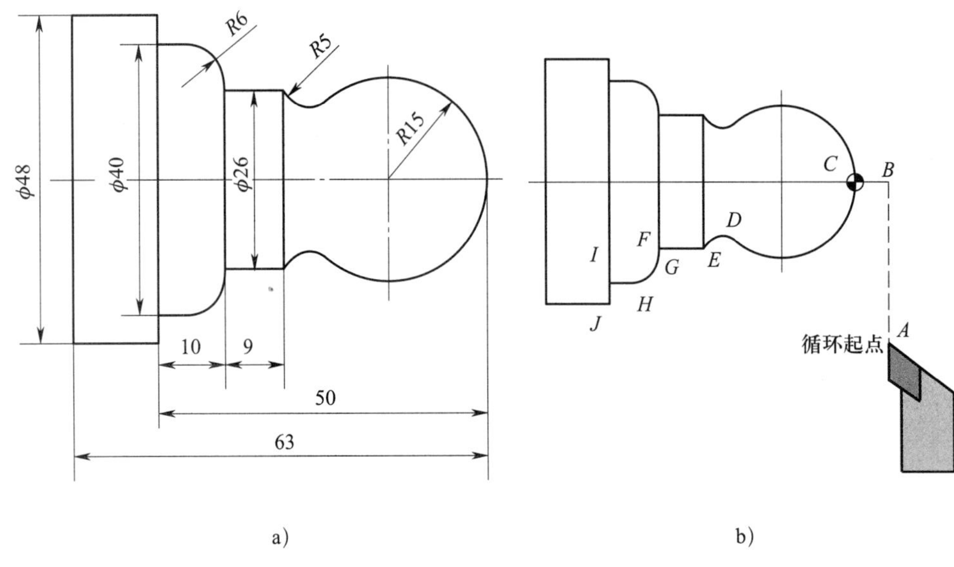

图 2–7 手柄

a）零件图 b）刀具加工路线

①根据加工图形和刀具路线设计要求，该轮廓可采用什么指令编程？写出该指令的格式及各参数含义。

②根据图 2–7b 所示坐标系原点位置，完成表 2–12 各编程基点绝对坐标值的填写。

表 2–12 各编程基点绝对坐标值

编程基点名称	编程基点坐标	编程基点名称	编程基点坐标
A		*F*	
B		*G*	
C		*H*	
D		*I*	
E		*J*	

③选用合适的指令，完成表 2-13轮廓的粗、精加工程序的编写。

表 2-13　　轮廓的粗、精加工程序

	O0001;	程序名
程序段号	加工程序	程序说明
N5		
N10		
N15		
N20		
N25		
N30		
N35		
N40		
N45		
N50		
N55		
N60		
N65		
N70		

④简述 G73 指令适合加工的零件类型及其编程注意点。

⑤简述刀具补正的种类与作用，并说明刀具半径补正方向的判别方法。

3．编制程序

（1）在图 2–8 所示手柄零件图中绘制出工件坐标系原点和轮廓编程基点，并写出轮廓编程基点的绝对坐标（如工件坐标系原点不止一个，则需要做简要说明）。

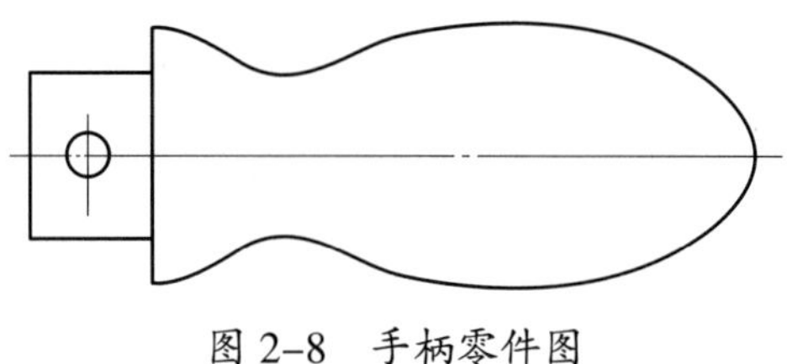

图 2–8　手柄零件图

（2）编制手柄的数控车削程序，最好选用哪些切削指令？为什么？

（3）根据零件加工步骤及编程分析，完成表 2–14 和表 2–15 手柄左、右端的数控车削程序。

表 2–14　零件左端加工程序

	O0001；	零件左端程序名
程序段号	加工程序	程序说明
N5		
N10		
N15		
N20		
N25		
N30		
N35		
N40		
N45		
N50		
N55		
N60		
N65		
N70		
N80		

表 2-15　　零件右端加工程序

	O0002;	零件右端程序名
程序段号	加工程序	程序说明
N5		
N10		
N15		
N20		
N25		
N30		
N35		
N40		
N45		
N50		

学习活动 2　手柄的数控车加工

学习目标

1. 能够检查工作区、设备、工具、材料的状况和功能。

2. 能正确装夹工件，并对其进行找正。

3. 能根据零件图，选择符合加工要求的工具、量具、夹具及辅具。

4. 能正确对刀，建立工件坐标系。

5. 能正确进行程序的编辑、输入、调试与优化。

6. 能了解车间与工作区的范围和限制，理解企业对环境、安全、卫生和事故的预防标准。

7. 能规范、熟练地使用半径样板、检测样板等通用量具在加工过程中进行适时测量，及时调整加工参数，保证零件精度。

8. 能解决加工过程中出现的常见报警和机床故障问题。

9. 能按车间现场“6S”管理规定和产品工艺流程的要求，整理现场，正确放置工具、量具、刀具，保养机床，并规范填写保养记录表。

建议学时：30 学时。

学习过程

一、加工准备

1．着装自检

根据生产车间着装管理规定，进行着装自检，并填入表 2–16 中。

表 2–16　车间生产着装自检表

序号	着装要求	自检结果
1	若留长发，需束起并戴工作帽	
2	不可佩戴挂牌、项链等物件	
3	衣领外翻平整	
4	上衣拉链拉至领口处，纽扣扣好	
5	口袋上盖平整扣好，口袋内不放置笔、工作证以外的物品	
6	手臂侧兜内不放置笔以外的物品	
7	袖口和下摆两侧纽扣扣好	
8	不着裙装，不穿短裤	
9	工作鞋正确穿着，不穿拖鞋、凉鞋、高跟鞋	

2．选择工具、量具、刀具

填写表 2–17 工具、量具、刀具清单，并领取工具、量具、刀具。

表 2–17　工具、量具、刀具清单

序号	名称	规格	数量	备注
1				
2				
3				
4				
5				
6				
7				

3．领取毛坯

领取毛坯，测量并记录所领毛坯的实际外形尺寸，判断毛坯是否有足够的加工余量及其外形是否满足加工条件。

二、零件的数控车加工

1．开机准备

（1）简述开机时通电的顺序和开机的注意事项。

（2）回零的目的是什么？回零时要注意哪些事项？

（3）回零后，机床出现哪种报警需要重新回零？

2．安装毛坯和刀具

（1）毛坯安装好后，若跳动较大，会对后续加工造成什么影响？该如何解决？

（2）简述数控外圆车刀的装夹方法和注意事项。

（3）两次装夹中，分别以______________和______________为两次装夹的定位基准，来保证零件的加工工艺要求。

3．对刀和校验程序

（1）本任务中需要左、右两端分别对刀完成零件加工，分别采用了哪些对刀方法？并简述各方法的优缺点。

（2）试比较对刀校验程序“T0101 G00 X0 Z50；”与“T0101 G00 X49.6（该值假设为对刀测量 X 直径值）Z50；”哪个程序段校验更精确？为什么？

（3）通过机床面板手动输入手柄的左、右端加工程序并进行程序校验。程序校验时，通常打开“图形显示”“机床锁住”和“空运行”功能键校验程序，程序校验中“机床锁住”和“空运行”的具体作用是什么？

（4）在表 2–18 中记录程序输入和校验时产生的报警号，并说明产生报警的原因及解决办法。

表 2–18 报警内容记录单

报警号	报警内容	报警原因	解决办法

4．自动加工

（1）左端轮廓自动加工

①采用连续方式对工件左端轮廓进行粗、精加工，并在加工过程中密切观察加工状态，如有异常及时停机检查，分析并记录异常原因。

②如在一个主程序中包含粗、精车程序，为便于控制尺寸测量，粗、精车程序可用什么指令分隔?

③为了保证零件加工精度，将零件左端轮廓粗、精加工中调试加工参数的名称及数据填入表 2–19 中，并分析其产生原因。

表 2–19　　左端轮廓调试加工参数名称及数值

序号	调试前加工参数名称	数据值	调试后数据值

产生原因：

④粗、精加工完成后，尺寸偏大，可用几种方式修改，如何操作？

（2）掉头装夹，保护已加工表面。根据右端工件坐标系原点对刀并且保证零件总长。

（3）右端轮廓自动加工

对右端轮廓进行粗、精加工，并在加工过程中密切观察加工状态，如有异常及时停机检查。记录右端轮廓粗、精加工中调试加工参数的名称及数据填入表 2–20，并分析其产生原因。加工完毕，检测外轮廓表面有关尺寸是否符合图样要求。

表 2–20　　右端轮廓调试加工参数名称及数值

序号	调试前加工参数名称	数据值	调试后数据值

产生原因：

（4）加工中注意观察刀具切削加工情况，在表 2–21 中记录加工中不合理的因素及出现的问题，以便于纠正，提高工作效率（如切削用量、刀具加工路径等是否合理，刀具是否有干涉等）。

表 2–21　　加工中遇到的问题

问题	分析原因	预防措施	改进方法

（5）加工完毕，综合检测零件加工尺寸是否符合图样要求。若合格，将工件卸下，进行下一件的加工；若不合格，分析报废的原因并提出改进措施。

（6）根据零件加工路径，估算零件加工时间（估算方法：总时间约为实际加工路径的总距离除以进给量，再加上装夹零件和刀具、编程、调整参数等辅助时间）是否满足生产时间要求，为后续批量生产或工艺修调做准备。

三、保养机床，清理场地

加工完毕，按照图样要求进行自检，正确放置零件，并进行产品交接确认；按照国家环保相关规定和车间要求整理现场，清扫切屑，保养机床（表 2–22），并正确处置废油液等废弃物；按车间规定填写设备日常保养记录卡（附表 1）。

表 2–22　　机床清理操作

项目	操作步骤
机床清理	拆卸刀具和零件，工具、量具、刀具规范放置
	机床轴向移至机床参考点附近
	用毛刷将导轨平面、刀架和卡盘间隙的铁屑清扫干净
	将机床导轨及刀架擦拭干净
	清扫机床铁屑盘里的铁屑，将铁屑放置规定排放处
	导轨面、卡盘间隙、刀架处涂防锈油
	关机

1．简述切削废液处理不当的危害。

2．简述车间内正确清理机床切削液及处理切削液的方式。

学习活动 3　手柄的检验与加工质量分析

学习目标

1. 能根据零件图，合理选择检验量具。

2. 能规范、熟练地使用半径样板、检测样板等通用量具，对手柄进行检测并判断加工质量，分析误差原因，优化加工策略。

3. 能根据零件尺寸的测量结果，分析误差产生的原因。

建议学时：2 学时。

学习过程

一、明确测量要素，选取检测量具

1．选用圆弧检测量具

由于圆弧的形状比较特殊，常用半径样板和圆弧样板来检测其加工质量。

（1）用半径样板检测

如图 2–9 所示，半径样板也称 R 规，它利用光隙法测量圆弧半径，是一种测量精度要求不高的圆弧的常用量具。测量时必须使半径样板的测量面与工件的圆弧面完全紧密接触，当测量面与工件的圆弧面中间没有间隙时，工件的圆弧半径为此时半径样板上所表示的数字。

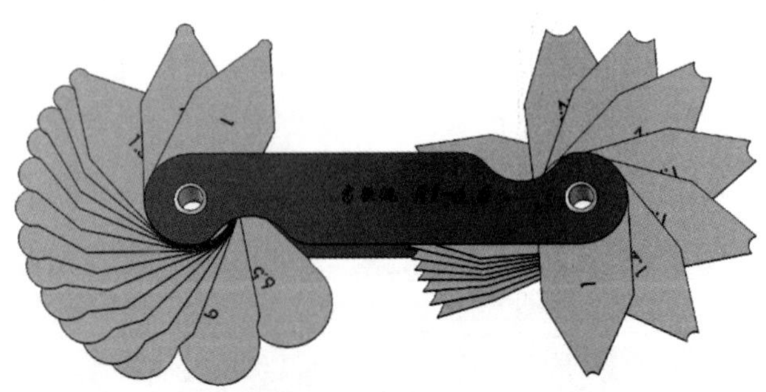

图 2–9　半径样板

（2）用圆弧样板检测

精度要求不高的场合常采用圆弧样板检测，如图 2–10 所示。

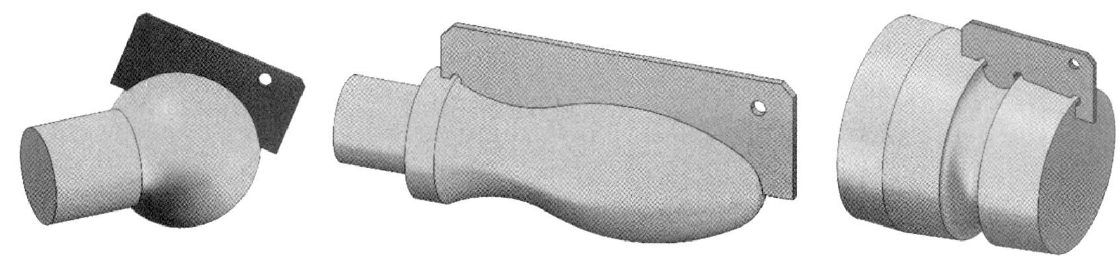

图 2–10　圆弧样板检测

（3）根据圆弧加工精度要求，本次拟采用哪种工具检测圆弧的加工质量?

2．根据零件的被测量要素，填写表 2–23 中的检测内容及其所对应的量具。

表 2–23　检测内容及其所对应的量具

序号	量具名称	量具规格（精度）	检测内容	备注

二、检测手柄零件，填写表 2–24

表 2–24 手柄零件检测表

工件编号		配分	项目与技术要求	评分标准	检测记录	得分
序号	名称					
1	主要尺寸（60 分）	10	$\phi 20_{-0.13}^{0}$ mm	超差不得分		
2		10	$\phi 32_{-0.16}^{0}$ mm	超差不得分		
3		10	R15 mm	超差不得分		
4		10	R12 mm	超差不得分		
5		10	R50 mm	超差不得分		
6		10	R10 mm	超差不得分		
7	次要尺寸（18 分）	8	（90 ± 0.1）mm	超差不得分		
8		5	8 mm	超差不得分		
9		5	15 mm	超差不得分		
10	表面粗糙度（7 分）	7	Ra1.6 μm	降级不得分		
11	主观评分（10 分）	3.5	已加工零件倒角、倒圆、去毛刺是否符合图样要求			
12		3.5	已加工零件是否有划伤、碰伤和夹伤			
13		3	已加工零件与图样要求的一致性以及其余表面粗糙度			
14	更换毛坯（5 分）	5	是否更换毛坯	是 / 否		
15	职业素养	扣分	能正确穿戴工作服、工作鞋、安全帽等劳动防护用品。每违反一项扣 2 分			
16			能按机床使用规范正确进行开关机、对刀等基本操作。每误操作一次扣 2 分			
17			能规范使用及保养工具、量具和辅具。每违规操作一次扣 2 分			
18			能做好设备清洁、保养工作。不清洁、不保养扣 3 分；保养不彻底扣 2 分			
总配分		100		总得分		

三、根据产品加工质量情况分析并提出工艺方案修改意见

对不合格项目进行分析、讨论，小组提出工艺方案修改意见，完成表 2-25 的填写。

表 2-25　　加工质量分析表

不合格项目	工作任务项目	产生原因	预防及改进措施

四、常用量具保养

了解半径样板、圆弧样板等通用量具的清洗和保养规则，使用完后按要求保养、放置。

五、正确放置零件，并进行产品交接确认

学习活动4　工作总结与评价

学习目标

1. 能按照手柄加工综合评价表完成自评。

2. 能积极主动获取有效工作内容，展示工作成果。

3. 能按分组情况派代表展示零件加工成果，使用专业术语讲述本任务的完成情况，并做分析总结。

4. 能客观评价其他组展示的成果，反思总结工作经验，提出改进措施，优化加工策略。

5. 能与班组长、工具管理员等相关人员进行有效的沟通与合作，提高工作效率。

6. 能结合自身任务完成情况，正确、规范地撰写工作总结（心得体会）。

建议学时：4学时。

学习过程

学习评价以学习目标为导向，围绕学习过程设计评价要点，依据多元评价理论，从不同角度关注学生综合职业能力和职业素质的养成。在教学过程中，学习评价由自我评价、小组评价和教师评价三部分综合构成，检验并提升学生的综合职业能力。最终学生成绩按下式进行计算：总评成绩 = 自我评价（40%）+ 小组评价（10%）+ 教师评价（50%）。

一、自我评价

学生通过自我评价发现自己存在的问题和不足，自我评价总分占学习评价的40%（其中产品评价占20%，自我评价占20%）。

自我评价表见附表2。

二、小组评价

小组评价由“组内工作过程考核互评”和“组间展示互评”两部分组成。“组内工作过程考核互评”让学生在评价别人和接受别人评价中发现问题、解决问题。“组间展示互评”把个人制作好的零件先进行分组展示，再由小组推荐代表做工作过程的介绍。在展示的过程中，以组为单位进行评价；评价完成后，根据其他组成员对本组展示的成果评价意见进行归纳总结。通过组内和组间互相考核，促进学生按规范认真完成工作任务，也使评价者在互评中完成知识学习和素质养成，小组评价总分占学习评价的 10%。

组内工作过程考核互评表见附表 3。

组间展示互评表见附表 4。

三、教师评价

教师评价的目的是提供有效的诊断和反馈，强化和改进教学的实施，对学生的学习过程进行评价。首先，教师对展示的作品分别做评价：一是找出各组的优点进行点评。二是对展示过程中各组的缺点进行点评，提出改进方法。三是对整个任务完成中出现的亮点和不足进行点评。其次，教师在教学过程中，根据学生的具体行为表现，按教师评价指标进行评价，教师评价总分占学习评价的 50%。

教师评价表见附表 5。

四、总结提升

1．通过本任务，掌握了哪些有关切削液应用的知识?

2．简述按照本任务加工工序卡给定的加工顺序进行加工，对保障产品精度和质量有哪些意义。若变更加工顺序会产生怎样的影响?

3．简述在展示工作成果时需收集哪些有效工作内容？它们对成果汇报有什么作用？

4．在团队合作学习过程中，如发生较大意见分歧时，如何进行有效的沟通？

5．如何客观地评价其他组的工作汇报成果？

6．试结合自身任务完成情况，通过交流、讨论等方式较全面、规范地撰写本任务的工作总结（包含影响产品质量的因素、工艺顺序安排的依据和重要性、企业制订工作生产计划的理由等）。

工作总结（心得体会）

任务拓展

陀螺件的数控车加工

一、零件图

某企业接到一批陀螺件（图 2-11）加工订单，数量为 30 件。来料加工，材料为 45 钢，毛坯尺寸为 ϕ45 mm×50 mm，交货期为 7 天。该零件由圆柱体和圆弧面组成，生产主管计划用数控车床进行加工。

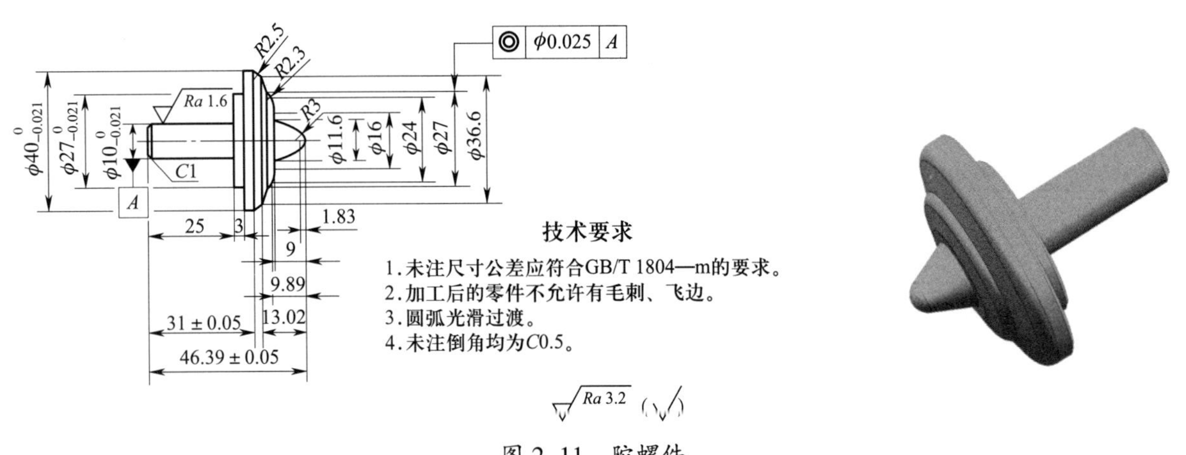

图 2-11 陀螺件

二、评分标准

按表 2-26 所示项目和技术要求检测陀螺件是否合格。

表 2-26 陀螺件零件检测表

工件编号		配分	项目与技术要求	评分标准	检测记录	得分
序号	名称					
1	主要尺寸（48 分）	8	$\phi 40\,^{0}_{-0.021}$ mm	超差不得分		
2		8	$\phi 27\,^{0}_{-0.021}$ mm	超差不得分		
3		8	$\phi 10\,^{0}_{-0.021}$ mm	超差不得分		
4		4	ϕ11.6 mm	超差不得分		
5		4	ϕ16 mm	超差不得分		
6		4	ϕ24 mm	超差不得分		
7		4	ϕ27 mm	超差不得分		
8		4	ϕ36.6 mm	超差不得分		
9		4	◎ ϕ0.025 A	超差不得分		

续表

工件编号 序号	名称	配分	项目与技术要求	评分标准	检测记录	得分
10	次要尺寸（28 分）	5	（31 ± 0.05）mm	超差不得分		
11		6	（46.39 ± 0.05）mm	超差不得分		
12		5	3 mm	超差不得分		
13		4	25 mm	超差不得分		
14		2	*C*1 mm	超差不得分		
15		6	*R*2.5 mm，*R*2.3 mm，*R*3 mm	超差不得分		
16	表面粗糙度（9 分）	2	*Ra*1.6 μm	降级不得分		
17		7	*Ra*3.2 μm（7 处）	降级不得分		
18	主观评分（10 分）	3.5	已加工零件倒角、倒圆、去毛刺是否符合图样要求			
19		3.5	已加工零件是否有划伤、碰伤和夹伤			
20		3	已加工零件与图样要求的一致性以及其余表面粗糙度			
21	更换毛坯（5 分）	5	是否更换毛坯	是 / 否		
22	职业素养	扣分	能正确穿戴工作服、工作鞋、安全帽等劳动防护用品。每违反一项扣 2 分			
23			能按机床使用规范正确进行开关机、对刀等基本操作。每误操作一次扣 2 分			
24			能规范使用及保养工具、量具和辅具。每违规操作一次扣 2 分			
25			能做好设备清洁、保养工作。不清洁、不保养扣 3 分；保养不彻底扣 2 分			
总配分			100	总得分		

世赛知识

世赛数控车项目简介

世界技能大赛，全称“国际技能奥林匹克大赛”，正式名称为国际技能竞技大会，创立于1950年，由当时的西班牙职业青年团发出倡议，邀请邻国葡萄牙各派12名选手进行技能比拼角逐，之后，随着参与国家和地区、比赛项目、选手人数逐年递增，每两年举办一次，是旨在展示和交流职业技能，构建加强技能合作的重要国际平台。

世界技能大赛项目共分为结构与建筑技术、创意艺术和时尚、信息与通信技术、制造与工程技术、社会与个人服务、运输与物流6个大类，56个比赛项目。

世界技能大赛的核心价值观是诚信、公开、公平、合作和创新。中国于2010年10月加入世界技能组织，首次派出代表团参加2011年英国伦敦第41届世界技能大赛，共参加数控车床、焊接等6个项目的比赛。在这次比赛中，中国石油天然气第一建设公司员工裴先峰勇夺焊接项目银牌，使中国首次参赛即实现了奖牌零的突破。

数控车项目是指使用数控车床对金属零件进行加工的竞赛项目，其中包括用常用的手动工具配合完成的相关工作。参赛选手需要根据图样进行数控编程、选择刀具、安装刀具、设定刀具参数等工作，并加工含有IT6级精度和高于IT6级精度的回转体工件。数控车竞赛项目允许在机床数控系统上直接编写程序，也可以利用CAM软件进行自动编程。

世界技能大赛数控车项目的比赛通常包括铝合金或碳钢材料回转体工件车加工和铣加工、铸铝材料回转体工件小批量加工、碳钢材料回转体工件加工3个模块，赛程为4天，每个模块的比赛时间为4 ~ 5 h。

学习任务三　带轮的数控车加工

学习目标

1. 能了解数控车间与工作区的范围和限制，理解企业对生产车间环境、安全、卫生、生产和事故的预防标准。

2. 能根据加工任务书，通过小组讨论，明确工作任务和要求，共同制订合理的工作计划。

3. 能根据任务书、零件图加工要求，通过查阅学习资料，确定加工基准，分析并制定数控加工工艺，完成加工工序卡的填写。

4. 能合理选择编程指令，完成带轮加工程序的编制。

5. 能按照数控加工车间安全防护规定，正确穿戴劳动防护用品，严格执行安全操作规程。

6. 能独立操作数控车床，完成带轮的加工，并解决在此过程中出现的简单报警和加工精度问题。

7. 能合理选择量具，规范、熟练地使用塞规、百分表等通用量具在加工过程中适时测量，并调整尺寸加工参数，保证零件精度。

8. 能按照零件精度要求，检验零件是否达到工艺要求并判断加工质量，分析误差原因，提出修改意见。

9. 能在作业过程中严格执行企业操作规范、安全生产制度、环保管理制度以及“6S”管理规定，严格遵守从业人员的职业道德，树立思考钻研、精益求精的工作态度和质量管控意识。

10. 能按车间现场“6S”管理规定和产品工艺流程的要求，正确放置工具、产品，对机床、工具进行维护保养，并规范填写保养记录表。

11. 能积极收集学习工作过程中的资料信息，团结协作，利用多媒体设备和专业术语展示学习成果。

12. 能尊重别人，认真倾听他人想法，总结反思，不断优化方案策略，并灵活运用，举一反三。

48 学时。

工作情境描述

某企业接到一批带轮（图 3-1）的加工订单，数量为 30 件。来料加工，材料为 45 钢，毛坯尺寸为 ϕ85 mm×80 mm，交货期为 7 天。带轮属于盘类零件，由两个 V 形槽、内孔键槽（不在数控车床上加工）和圆柱体组成，生产主管计划用数控车床进行加工。

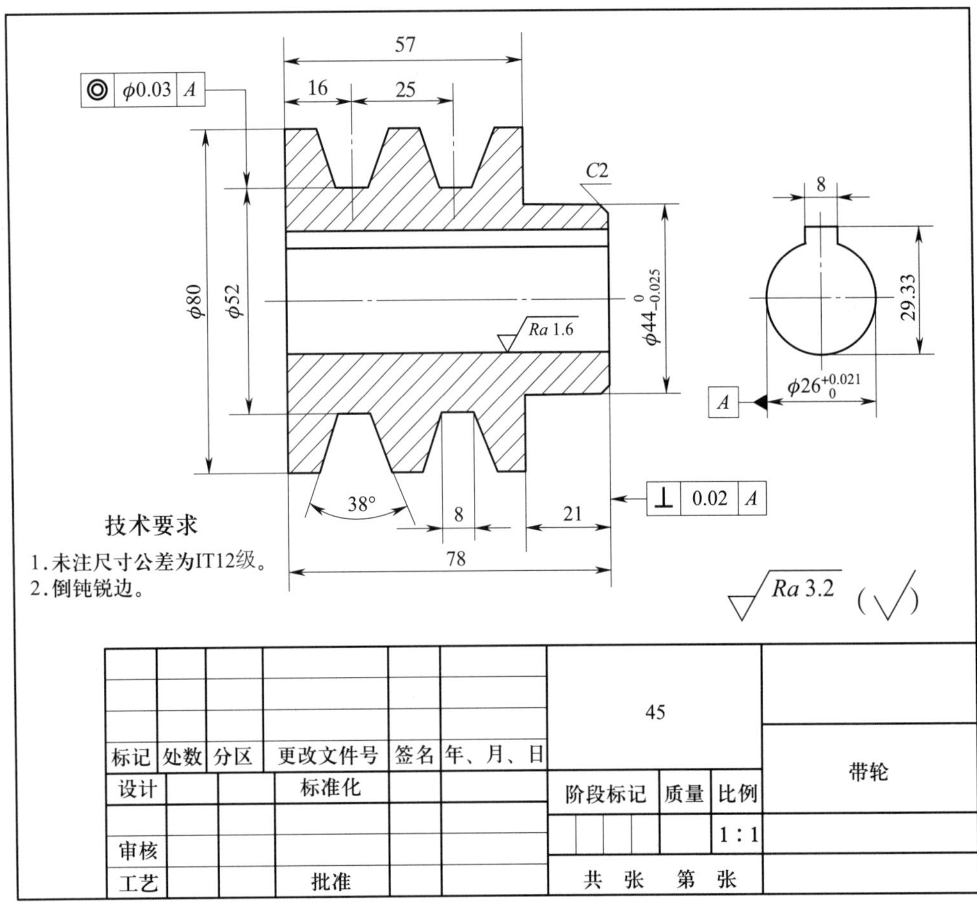

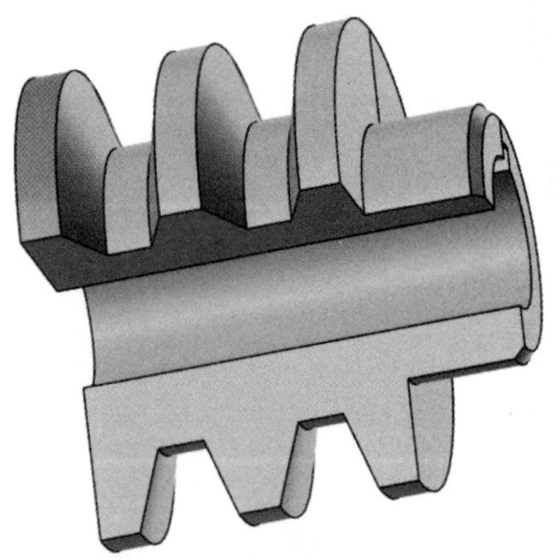

图 3-1 带轮

工作流程与活动

1. 带轮的工艺分析与编程（6 学时）
2. 带轮的数控车加工（36 学时）
3. 带轮的检验与加工质量分析（2 学时）
4. 工作总结与评价（4 学时）

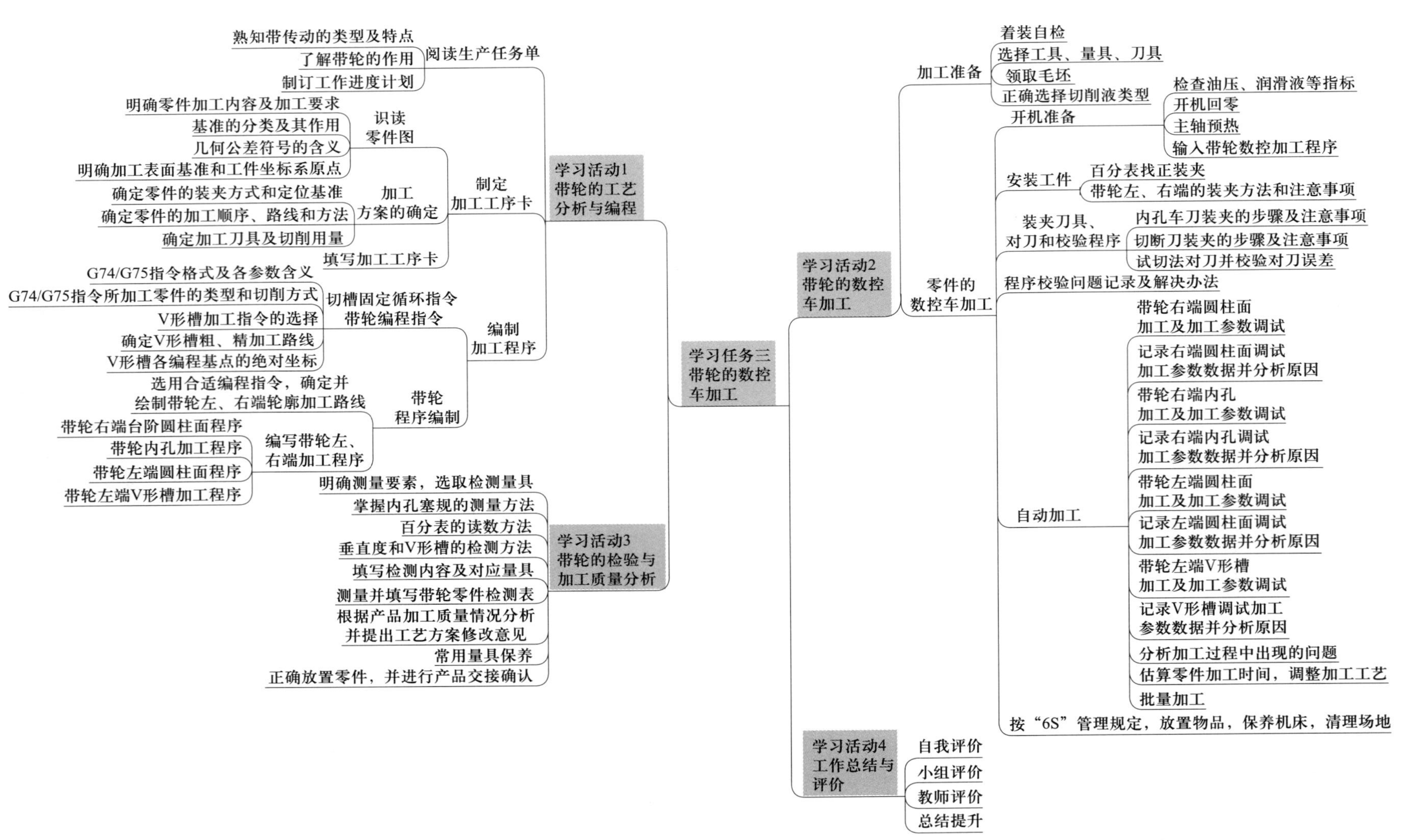
学习任务三 带轮的数控车加工
学习活动1 带轮的工艺分析与编程
阅读生产任务单
熟知带传动的类型及特点
了解带轮的作用
制订工作进度计划
制定加工工序卡
识读零件图
明确零件加工内容及加工要求
基准的分类及其作用
几何公差符号的含义
明确加工表面基准和工件坐标系原点
加工方案的确定
确定零件的装夹方式和定位基准
确定零件的加工顺序、路线和方法
确定加工刀具及切削用量
填写加工工序卡
编制加工程序
切槽固定循环指令
G74/G75指令格式及各参数含义
G74/G75指令所加工零件的类型和切削方式
带轮编程指令
V形槽加工指令的选择
确定V形槽粗、精加工路线
V形槽各编程基点的绝对坐标
带轮程序编制
选用合适编程指令，确定并绘制带轮左、右端轮廓加工路线
编写带轮左、右端加工程序
带轮右端台阶圆柱面程序
带轮内孔加工程序
带轮左端圆柱面程序
带轮左端V形槽加工程序
学习活动2 带轮的数控车加工
加工准备
着装自检
选择工具、量具、刀具
领取毛坯
正确选择切削液类型
零件的数控车加工
开机准备
检查油压、润滑液等指标
开机回零
主轴预热
输入带轮数控加工程序
安装工件
百分表找正装夹
带轮左、右端的装夹方法和注意事项
装夹刀具、对刀和校验程序
内孔车刀装夹的步骤及注意事项
切断刀装夹的步骤及注意事项
试切法对刀并校验对刀误差
程序校验问题记录及解决办法
自动加工
带轮右端圆柱面加工及加工参数调试
记录右端圆柱面调试加工参数数据并分析原因
带轮右端内孔加工及加工参数调试
记录右端内孔调试加工参数数据并分析原因
带轮左端圆柱面加工及加工参数调试
记录左端圆柱面调试加工参数数据并分析原因
带轮左端V形槽加工及加工参数调试
记录V形槽调试加工参数数据并分析原因
分析加工过程中出现的问题
估算零件加工时间，调整加工工艺
批量加工
按“6S”管理规定，放置物品，保养机床，清理场地
学习活动3 带轮的检验与加工质量分析
明确测量要素，选取检测量具
掌握内孔塞规的测量方法
百分表的读数方法
垂直度和V形槽的检测方法
填写检测内容及对应量具
测量并填写带轮零件检测表
根据产品加工质量情况分析并提出工艺方案修改意见
常用量具保养
正确放置零件，并进行产品交接确认
学习活动4 工作总结与评价
自我评价
小组评价
教师评价
总结提升

学习活动1　带轮的工艺分析与编程

学习目标

1. 能阅读生产任务单，明确工作任务，通过小组讨论，共同制订合理的加工工作进度计划。

2. 能识别常见的传动方式类型及特点。

3. 能读懂零件图，借助技术手册，查阅并写出任务零件尺寸精度要求等信息。

4. 能根据零件工艺要求，正确选择车削加工方法。

5. 能根据加工工艺、零件材料和零件形状特征等要求，查阅技术手册，合理选择刀具及切削用量。

6. 能确定零件加工基准并制定带轮的数控加工工艺，填写加工工序卡。

7. 能根据零件图，选取正确的装夹方式。

8. 能写出径向、端面切槽的指令格式及各参数的含义。

9. 能正确选用车削指令，编写带轮数控车加工程序。

建议学时：6学时。

学习过程

一、阅读生产任务单（表 3–1）

表 3–1　　　　带轮生产任务单

单位名称				完成时间	年　月　日	
序号	产品名称	材料	生产数量	技术标准、质量要求		
1	带轮	45 钢	30	按图样要求		
2						
3						
检测批准时间		年　月　日	批准人			
通知任务时间		年　月　日	发单人			
接单时间		年　月　日	接单人		生产班组	检测组

注：生产任务单与零件图等一起领取。

阅读表 3–1 带轮生产任务单，明确零件名称、材料、数量和完成时间，了解带轮的作用及性能，并回答下列问题。

1．如图 3–2 所示四种传动方式，查阅相关资料，回答下列问题。

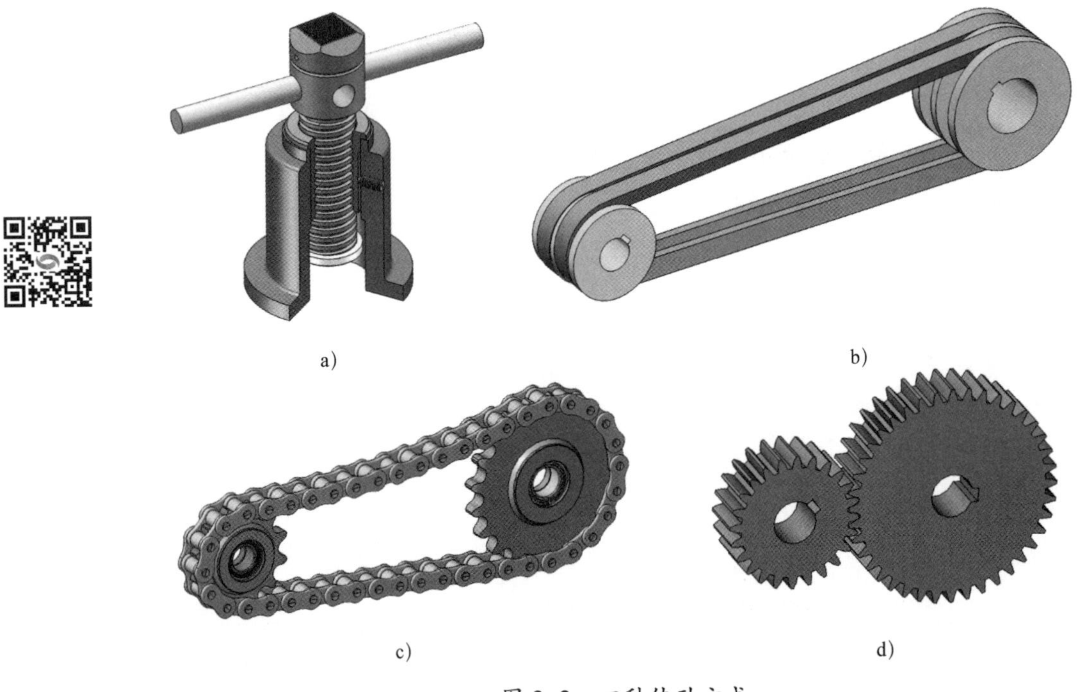

a)　b)　c)　d)

图 3–2　四种传动方式

（1）简述图 3-2a、b、c、d 所示分别属于哪种传动方式以及它们各自的特点。

（2）带轮的作用是什么？常用于哪些设备？

2．本生产任务工期为 6 天，请根据任务要求，制订合理的工作进度计划，并根据小组成员的特点进行分工，完成表 3-2 的填写。

表 3-2　工作进度计划表

序号	工作内容	时间	成员	负责人
1	工艺分析			
2	编制程序			
3	程序检验与试切削调试			
4	车削加工			
5	成品检验与质量分析			

二、根据零件图，制定加工工序卡

1．识读带轮零件图

（1）分析零件图，在表 3-3 中写出带轮的主要加工尺寸、几何公差要求和表面质量要求，为零件的编程做准备。

表 3–3　带轮零件图分析

序号	项目	内容	偏差范围（数值）
1	主要加工尺寸		
2			
3			
4			
5			
6			
7			
8			
9			
10			
11			
12			
13			
14	几何公差要求		
15			
16	表面质量要求		

（2）基准通常分为哪几类？它们的作用是什么？零件图中的 ▼A 符号属于什么基准类型？

（3）查阅技术手册或咨询班组长等专业技术人员，完成表 3–4 中标注符号含义的填写。

表 3–4　标注符号含义

标注符号	含义
◎ | ϕ0.03 | *A*	
⊥ | 0.02 | *A*	

（4）通过分析零件图，明确加工表面基准，确定零件加工的工件坐标系原点（图示说明），为选择合理的对刀方法做准备。

2．确定带轮的装夹方式和加工顺序及方法

（1）带轮是圆柱体内、外轮廓加工，所以可采用________装夹工件，____次装夹，分别以________和________作为定位基准。

（2）带轮的 V 形槽、圆柱体及内孔键槽表面粗糙度要求较高（分别为 $Ra3.2\ \mu m$ 和 $Ra1.6\ \mu m$），故采用______________原则来确定凸台的加工顺序。

（3）带轮内孔键槽的表面粗糙度要求为 $Ra1.6\ \mu m$，按孔加工要求，加工工序原则遵循____________方式。

（4）根据以上学习资料，确定带轮的加工顺序及加工方法，完成表 3–5 的填写。

表 3–5　零件加工顺序及加工方法

序号	加工顺序	加工方法

3．刀具的选择

数控车削中，切断刀主要用于切断、切槽、切端面等。切削时，如果切削区排屑困难、冷却不足、切削刃较窄、刀头厚度小或伸出过长等都会引起加工中振动、挤压、扎刀或打刀等情况。内孔类车刀可以实现内圆柱孔、台阶孔、内锥面、内圆弧表面的加工。

（1）加工本任务零件时，切断刀的选择应注意哪些问题？左、右刀尖有无倒圆角对加工有什么影响？若刀尖倒圆角，圆角半径值最宜取多少？

（2）根据零件槽加工图样，简述该轮廓切断刀的选择要求。

（3）如图 3–3 所示为常用车槽和切断刀具，在表 3–6 中填写其适用加工场合。

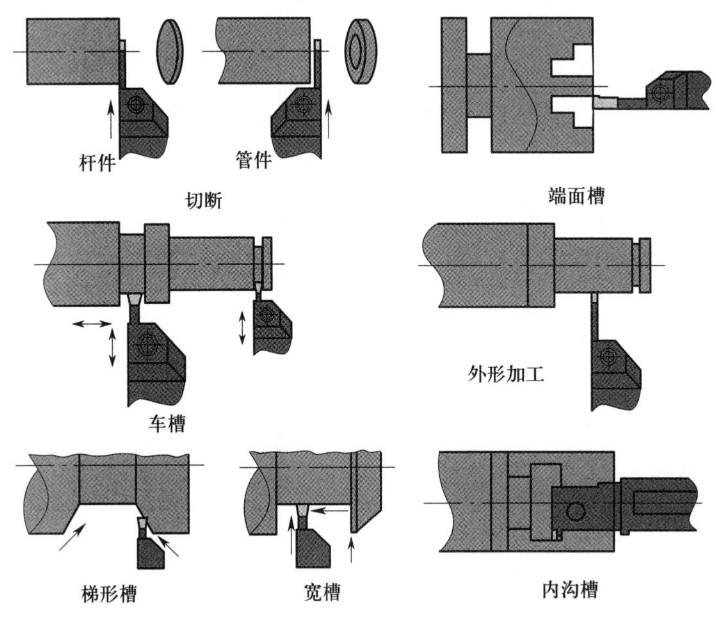

图 3–3　常用车槽和切断刀具

表 3–6　常用切断刀具的适用加工场合

序号	名称	图示	适用加工场合
1	刃磨切断刀		
2	有槽切断白钢刀		
3	无槽切断白钢刀		

续表

序号	名称	图示	适用加工场合
4	数控机夹切断刀		

（4）刀具可分为刃磨刀具和机夹刀具。刃磨刀具常用的有硬质合金刀具和高速钢刀具。机夹刀具在数控车床上一般使用数控机夹刀具，因为数控机夹刀具种类多样，刀片替换方便，可代替传统手工刃磨刀具，节省刃磨时间，提高加工效率。

①查阅数控刀具手册，简述数控车刀刀杆型号和刀片型号的表示方法。

②简述下列刀片型号 CNMA120408 和刀杆型号 MCJNR2525 的含义。

（5）如图 3-4 所示常见内孔刀具加工示意图，结合零件内部轮廓特征，简述该零件内孔车刀的选择要满足哪些要求。

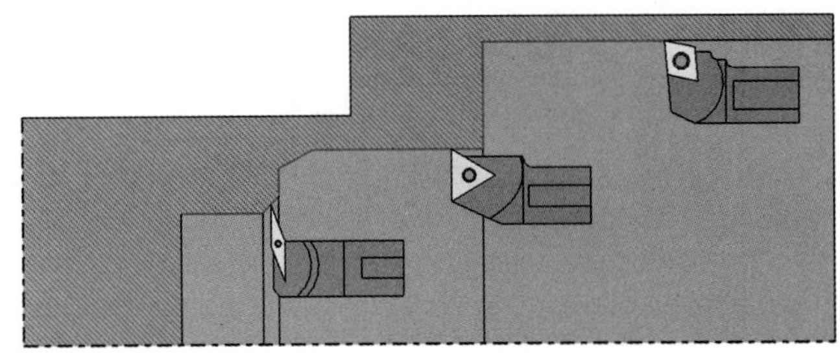

图 3-4 常见内孔刀具加工示意图

（6）根据本任务零件的加工内容，进行刀具的选择，并完成表 3-7 刀具卡的填写。

表 3-7 刀具卡

产品名称或代号		零件名称		零件图号	
刀具号	刀具名称	数量	加工内容	刀尖半径 / mm	刀具规格 /（mm×mm）

4．切削用量的选择

查阅刀具切削用量手册，确定合适的切削用量，完成表 3-8 的填写。

表 3-8 刀具切削用量表

刀具号	刀具名称	加工内容	主轴转速 /（r/min）	进给速度 /（mm/min）	背吃刀量 /mm

5．带轮数控加工工序卡的制定

小组讨论（或独立）制定本任务零件数控加工工序，并完成表 3–9 数控加工工序卡的填写。

表 3–9　　数控加工工序卡

单位名称		产品名称或代号		零件名称		零件图号	
工序号	程序编号	夹具名称		使用设备		车间	
工步号	工步内容	刀具号	刀具规格 /（mm×mm）	主轴转速 /（r/min）	进给速度 /（mm/min）	背吃刀量 / mm	备注
编制		审核		批准		共　页	第　页

三、编制带轮加工程序

1．带轮编程指令

（1）简述 G74、G75 两种指令的格式及各参数含义。

（2）G74 和 G75 指令分别适用于加工哪种槽类零件？两指令的切削方式有什么不同？

（3）当 G74 指令的参数为 R0 和 Q50000 时，实现的功能相当于________加工，其加工过程中不用________，节省了加工时间。同时，当 G74 指令缺省 X、P、R（△d）值时，相当于________。

（4）本任务中，V 形槽采用什么方法加工？用哪种切槽指令加工比较好？为什么？

（5）用 G75 指令加工 V 形槽，可以直接完成粗、精加工轮廓的尺寸精度要求吗？如果不可以，应用哪些指令加工 V 形槽？绘制粗、精加工路线图，并标明刀具循环起点及进、退刀方向和各编程基点。

（6）根据上述 V 形槽粗、精加工路线各编程基点，计算出各编程基点绝对坐标值，并填入表 3-10 中。

表 3-10 各编程基点绝对坐标值

编程基点名称	编程基点坐标	编程基点名称	编程基点坐标

（7）用 G74 指令加工 ϕ26 mm 内孔能保证尺寸精度吗？如果不能保证，应采用什么指令加工？编程中需注意什么？

2．加工路线的确定

轮廓加工路线的设计应保证加工路线最简原则，避免加工中出现过切、欠切及碰撞的危险。根据以上要求，设计带轮左、右端轮廓装夹及精加工路线，绘制装夹位置和加工路线图，并标出刀具进给方向及进、退刀点（不同轮廓可采用不同颜色标记）。

3．编制程序

为保证零件轮廓加工的精度要求，不同图形元素用不同规格刀具加工时，应将一个图形元素作为一个单独的程序，有利于解决加工中出现的问题。

完成表 3–11 至表 3–14 带轮的数控车削程序。

表 3–11　带轮右端台阶圆柱面加工程序

O0001;	程序名
加工程序	程序说明

表 3–12　带轮内孔加工程序

O0002;	程序名
加工程序	程序说明

表 3-13　　带轮左端圆柱面加工程序

O0003；	程序名
加工程序	程序说明

表 3-14　　带轮左端 V 形槽加工程序

O0004；	程序名
加工程序	程序说明

学习活动2　带轮的数控车加工

学习目标

1. 能按照企业对生产车间环境、安全、卫生、生产和事故的预防标准，正确穿戴劳动防护用品，严格执行生产安全操作规程。

2. 能正确装夹工件，并对其进行找正。

3. 能根据零件图，选择符合加工要求的工具、量具、夹具及辅具。

4. 能正确选择本任务使用的切削液。

5. 能正确、规范地装夹切断刀和内孔车刀。

6. 能正确对刀，建立工件坐标系。

7. 能正确进行程序的编辑、输入、调试与优化。

8. 能规范使用内径千分尺、百分表、塞规等通用量具在加工过程中进行适时测量，及时调整加工参数，保证零件精度。

9. 能解决加工过程中出现的常见报警和机床故障问题。

10. 能按车间现场“6S”管理规定和产品工艺流程的要求，正确放置工具、量具、刀具，整理现场，保养机床，并规范填写保养记录表。

建议学时：36学时。

学习过程

一、加工准备

1．着装自检

根据生产车间着装管理规定，进行着装自检，对不合格的情况按要求进行记录。

2．选择工具、量具、刀具

填写表 3-15 工具、量具、刀具清单，并领取工具、量具、刀具。

表 3-15　　工具、量具、刀具清单

序号	名称	规格	数量	备注
1				
2				
3				
4				
5				
6				
7				

3．领取毛坯

领取毛坯，测量并记录所领毛坯的实际外形尺寸，判断毛坯是否有足够的加工余量及其外形是否满足加工条件。

4．根据加工对象及所用刀具，正确选择切削液，并简述切削液的作用。

二、零件的数控车加工

1．开机准备

（1）启动机床。

（2）机床各轴回参考点。

（3）输入数控加工程序。

2．安装工件

本任务需要进行左、右端加工两次装夹。当第一次加工完右端轮廓后，进行二次装夹时，右端装夹面为已加工表面，需用铜皮等辅助工具保护已加工表面进行第二次装夹，避免产生夹痕影响表面粗糙度，同时用百分表进行找正。

3．装夹刀具

（1）简述内孔车刀装夹的步骤及校验方法。

（2）如图 3–5 所示，简述切断刀装夹的步骤及校验方法。

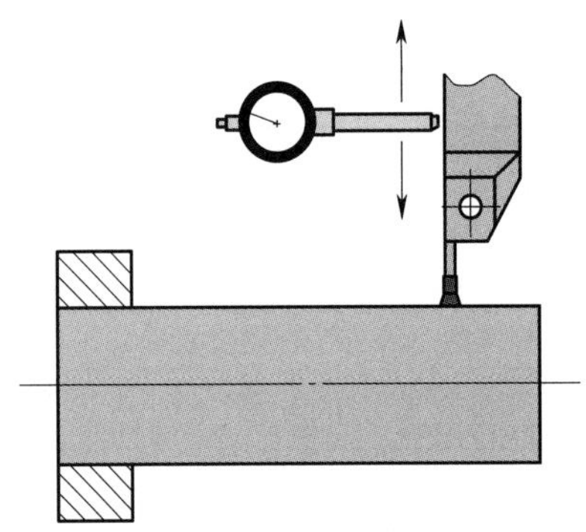

图 3–5　切断刀装夹

4．对刀和校验程序

（1）通过试切法设置工件坐标系原点并校验刀具的对刀误差。

（2）校验程序

在表 3–16 中记录程序输入和校验时产生的报警号，并说明产生报警的原因及解决办法。

表 3-16　报警内容记录单

报警号	报警内容	报警原因	解决办法

5. 自动加工

（1）右端轮廓自动加工

①转入自动加工模式，采用单段方式对工件右端圆柱面进行试切加工，并在加工过程中密切观察加工状态，如有异常现象及时停机检查，分析并记录异常原因。

②右端圆柱面粗加工完毕，精确测量加工尺寸，根据测量结果，修改刀具补正值，再进行精加工。若粗加工尺寸误差较大，调试加工参数，将调试数据和名称记录在表 3-17 中，并分析误差原因。

表 3-17　右端圆柱面调试加工参数名称及数值

序号	调试前加工参数名称	数据值	调试后数据值

产生原因：

③对内孔进行粗、精加工，粗加工结束后，测量尺寸是否和粗加工尺寸一致，表面粗糙度是否达到要求。如有误差，调试加工参数，分析原因并填写表 3–18。

表 3–18　内孔调试加工参数名称及数值

序号	调试前加工参数名称	数据值	调试后数据值

产生原因：

（2）左端轮廓自动加工

①左端面圆柱粗加工完毕，测量尺寸是否和粗加工尺寸一致，表面粗糙度是否达到要求。如有误差，调试加工参数，分析原因并填写表 3–19。

表 3–19　左端圆柱面调试加工参数名称及数值

序号	调试前加工参数名称	数据值	调试后数据值

产生原因：

② V 形槽粗加工完毕，测量尺寸是否和粗加工尺寸一致，表面粗糙度是否达到要求。如有误差，调试加工参数，分析原因并填写表 3–20。

表 3–20　V 形槽调试加工参数名称及数值

序号	调试前加工参数名称	数据值	调试后数据值

产生原因：

（3）加工中注意观察刀具切削加工情况，在表 3–21 中记录加工中不合理的因素及出现的问题，以便于纠正，提高工作效率（如切削用量、刀具加工路径等是否合理，刀具是否有干涉等）。

表 3–21　　加工中遇到的问题

问题	分析原因	预防措施	改进方法

（4）加工完毕，综合检测零件加工尺寸是否符合图样要求。若合格，将工件卸下，进行下一件的加工；若不合格，分析报废的原因并提出改进措施。

（5）根据零件加工路径，估算零件加工时间（估算方法：总时间约为实际加工路径的总距离除以进给量，再加上装夹零件和刀具、编程、调整参数等辅助时间）是否满足生产时间要求，为后续批量生产或工艺修调做准备。

三、保养机床，清理场地

加工完毕，按照图样要求进行自检，正确放置零件，并进行产品交接确认；按照国家环保相关规定和车间要求整理现场，清扫切屑，保养机床，并正确处置废油液等废弃物；按车间规定填写设备日常保养记录卡（附表 1）。

简述数控车床润滑油的更换和清理要求。

学习活动 3　带轮的检验与加工质量分析

学习目标

1. 能根据零件图，合理选择检验量具。

2. 能规范、熟练地使用内孔塞规、百分表等通用量具，对带轮进行检测并判断加工质量。

3. 能根据零件尺寸的测量结果，分析误差产生的原因，优化加工策略。

4. 能按照生产车间管理要求，正确放置工具、量具。

建议学时：2 学时。

学习过程

一、明确测量要素，选取检测量具

1．查阅资料，识别图 3-6 所示量具并在表 3-22 中填写量具的名称及测量内容。

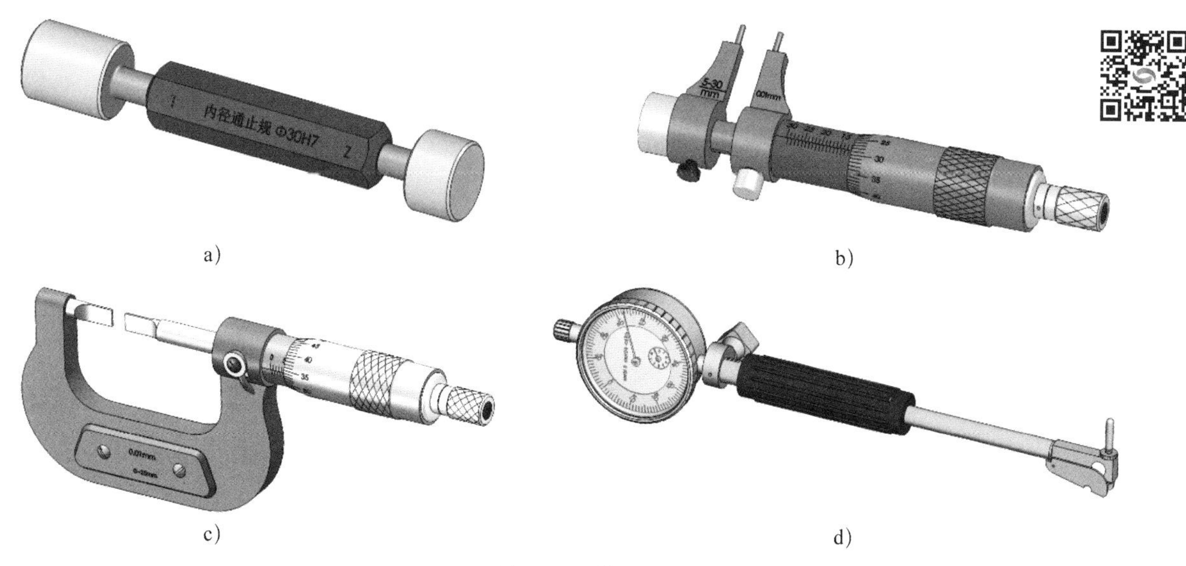

a)　b)　c)　d)

图 3-6　量具

表 3-22　　　　量具名称及测量内容

序号	量具名称	测量内容
a		
b		
c		
d		

2．简述内孔塞规的测量方法。

3．简述百分表的读数方法。

4．简述 V 形槽的测量方法。

5．垂直度一般采用直角尺检测，简述垂直度误差的检测方法。

6．根据零件的被测量要素，填写表 3–23 中的检测内容及其所对应的量具。

表 3–23　检测内容及其所对应的量具

序号	量具名称	量具规格（精度）	检测内容	备注

二、检测带轮零件，填写表 3–24

表 3–24　带轮零件检测表

工件编号		配分	项目与技术要求	评分标准	检测记录	得分
序号	名称					
1	主要尺寸（65 分）	8	$\phi 44_{-0.025}^{0}$ mm	超差不得分		
2		6	$\phi 52$ mm	超差不得分		
3		6	$\phi 80$ mm	超差不得分		
4		8	$\phi 26_{0}^{+0.021}$ mm	超差不得分		
5		7	16 mm	超差不得分		
6		7	25 mm	超差不得分		
7		7	8 mm	超差不得分		
8		8	38°	超差不得分		
9		4	◎ $\phi 0.03$ A	超差不得分		
10		4	⊥ 0.02 A	超差不得分		
11	次要尺寸（14 分）	4	21 mm	超差不得分		
12		4	57 mm	超差不得分		
13		4	78 mm	超差不得分		
14		2	C2 mm	超差不得分		
15	表面粗糙度（6 分）	2	$Ra1.6$ μm	降级不得分		
16		1×4	$Ra3.2$ μm（4 处）	降级不得分		
17	主观评分（10 分）	3.5	已加工零件倒角、倒圆、去毛刺是否符合图样要求			
18		3.5	已加工零件是否有划伤、碰伤和夹伤			
19		3	已加工零件与图样要求的一致性以及其余表面粗糙度			

续表

工件编号		配分	项目与技术要求	评分标准	检测记录	得分
序号	名称					
20	职业素养	扣分	能正确穿戴工作服、工作鞋、安全帽等劳动防护用品。每违反一项扣 2 分			
21			能按机床使用规范正确进行开关机、对刀等基本操作。每误操作一次扣 2 分			
22			能规范使用及保养工具、量具和辅具。每违规操作一次扣 2 分			
23			能做好设备清洁、保养工作。不清洁、不保养扣 3 分；保养不彻底扣 2 分			
总配分			100	总得分		

三、根据产品加工质量情况分析并提出工艺方案修改意见

对不合格项目进行分析、讨论，小组提出工艺方案修改意见，完成表 3–25 的填写。

表 3–25　加工质量分析表

不合格项目	工作任务项目	产生原因	预防及改进措施

四、常用量具保养

了解内孔塞规、百分表等通用量具的清洗和保养规则，使用完后按要求保养、放置。

五、正确放置零件，并进行产品交接确认

学习活动 4　工作总结与评价

学习目标

1. 能按照带轮加工综合评价表完成自评。

2. 能按分组情况派代表展示零件加工成果，使用专业术语讲述本任务的完成情况，并做分析总结。

3. 能就本任务中出现的问题，反思总结工作经验，提出改进措施，优化加工策略。

4. 能总结经验，形成自主学习的有效方法。

5. 能主动承担工作内容分工，配合班组长和组员高效率完成工作任务。

6. 能结合自身任务完成情况，正确、规范地撰写工作总结（心得体会）。

建议学时：4 学时。

学习过程

学习评价以学习目标为导向，围绕学习过程设计评价要点，依据多元评价理论，从不同角度关注学生综合职业能力和职业素质的养成。在教学过程中，学习评价由自我评价、小组评价和教师评价三部分综合构成，检验并提升学生的综合职业能力。最终学生成绩按下式进行计算：总评成绩 = 自我评价（40%）+ 小组评价（10%）+ 教师评价（50%）。

一、自我评价

学生通过自我评价发现自己存在的问题和不足，自我评价总分占学习评价的 40%（其中产品评价占 20%，自我评价占 20%）。

自我评价表见附表 2。

二、小组评价

小组评价由“组内工作过程考核互评”和“组间展示互评”两部分组成。“组内工作过程考核互评”让学生在评价别人和接受别人评价中发现问题、解决问题。“组间展示互评”把个人制作好的零件先进行分组展示，再由小组推荐代表做工作过程的介绍。在展示的过程中，以组为单位进行评价；评价完成后，根据其他组成员对本组展示的成果评价意见进行归纳总结。通过组内和组间互相考核，促进学生按规范认真完成工作任务，也使评价者在互评中完成知识学习和素质养成，小组评价总分占学习评价的10%。

组内工作过程考核互评表见附表 3。

组间展示互评表见附表 4。

三、教师评价

教师评价的目的是提供有效的诊断和反馈，强化和改进教学的实施，对学生的学习过程进行评价。首先，教师对展示的作品分别做评价：一是找出各组的优点进行点评。二是对展示过程中各组的缺点进行点评，提出改进方法。三是对整个任务完成中出现的亮点和不足进行点评。其次，教师在教学过程中，根据学生的具体行为表现，按教师评价指标进行评价，教师评价总分占学习评价的 50%。

教师评价表见附表 5。

四、总结提升

1．简述加工过程中的注意事项。

2．通过带轮数控车加工的学习，在工艺、编程、加工和排故等方面有哪些提高?

3．通过齿轮箱定位台阶轴、手柄和带轮数控车加工的学习，学会了哪些加工方法?

4．企业工作生产中，如果生产计划、工序、工时、成本预算安排不当，会造成哪些影响？给企业带来哪些损失？

5．在个人汇报环节，如何提升专业术语使用的准确性和汇报能力？

6．试结合自身任务完成情况，通过交流、讨论等方式较全面、规范地撰写本任务的工作总结（包含影响产品质量的因素、工艺顺序安排的依据和重要性、企业制订工作生产计划的理由等）。

工作总结（心得体会）

任务拓展

开口槽的数控车加工

一、零件图

某企业接到一批开口槽零件（图 3–7）加工订单，数量为 30 件。来料加工，材料为 45 钢，毛坯尺寸为 ϕ50 mm×40 mm，交货期为 7 天。该零件由圆柱体、内孔、内锥面、端面槽和径向槽组成，生产主管计划用数控车床进行加工。

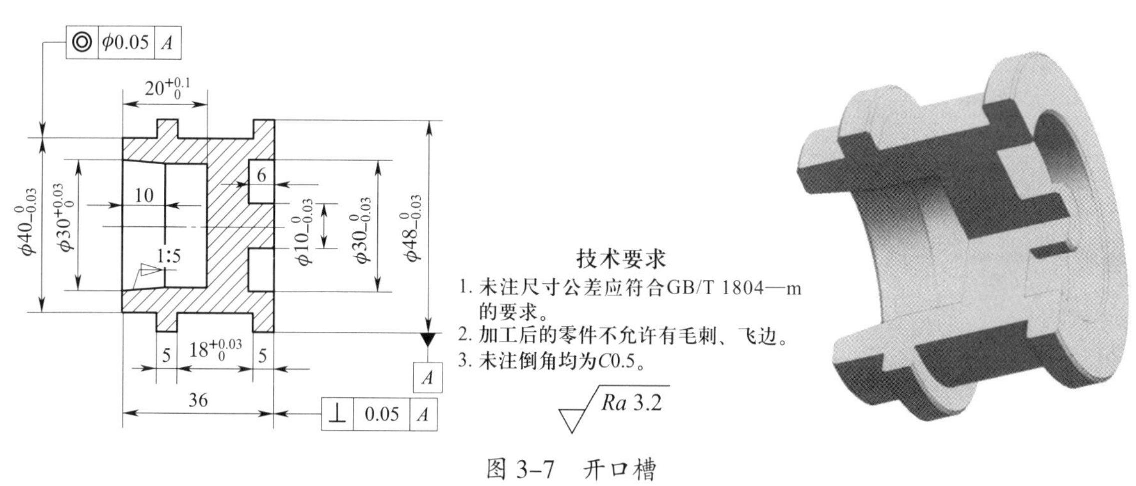

图 3–7　开口槽

二、评分标准

按表 3–26 所示项目和技术要求检测开口槽零件是否合格。

表 3–26　　开口槽零件检测表

工件编号		配分	项目与技术要求	评分标准	检测记录	得分
序发号	名称					
1	主要尺寸（59 分）	8	$\phi30^{+0.03}_{0}$ mm	超差不得分		
2		8	$\phi40^{0}_{-0.03}$ mm	超差不得分		
3		8	$\phi30^{0}_{-0.03}$ mm	超差不得分		
4		8	$\phi48^{0}_{-0.03}$ mm	超差不得分		
5		7	$\phi10^{0}_{-0.03}$ mm	超差不得分		
6		8	锥度 1∶5	超差不得分		
7		6	◎ ϕ0.05 A	超差不得分		
8		6	⊥ 0.05 A	超差不得分		

续表

工件编号 序发号	名称	配分	项目与技术要求	评分标准	检测记录	得分
9	次要尺寸（20 分）	5	$18^{+0.03}_{0}$ mm	超差不得分		
10		5	$20^{+0.1}_{0}$ mm	超差不得分		
11		2.5×2	5 mm（2 处）	超差不得分		
12		5	6 mm	超差不得分		
13	表面粗糙度（6 分）	6	$Ra3.2$ μm	降级不得分		
14	主观评分（10 分）	3.5	已加工零件倒角、倒圆、去毛刺是否符合图样要求			
15		3.5	已加工零件是否有划伤、碰伤和夹伤			
16		3	已加工零件与图样要求的一致性			
17	更换毛坯（5 分）	5	是否更换毛坯	是 / 否		
18	职业素养	扣分	能正确穿戴工作服、工作鞋、安全帽等劳动防护用品。每违反一项扣 2 分			
19			能按机床使用规范正确进行开关机、对刀等基本操作。每误操作一次扣 2 分			
20			能规范使用及保养工具、量具和辅具。每违规操作一次扣 2 分			
21			能做好设备清洁、保养工作。不清洁、不保养扣 3 分；保养不彻底扣 2 分			
总配分		100	总得分			

世赛知识

世界技能大赛数控车测试项目

世界技能大赛数控车测试项目由 3 个独立模块构成，每个模块都包括编程、加工和重置机器三部分，并配备了相对应的评价标准。一个竞赛日进行一个模块，不受其他模块工作的干扰。测试中对竞赛场地和数控机床的要求非常严格且需求巨大，无法保证每个场地的参赛者都能够完全自由操作数控机床。因此，采用轮替制，即参赛者在轮班（早班和午班）内需共享数控机床，这一点也反映了目前行业的真实状况，具体示例如下。

一、数控车项目竞赛流程（图 3–8）

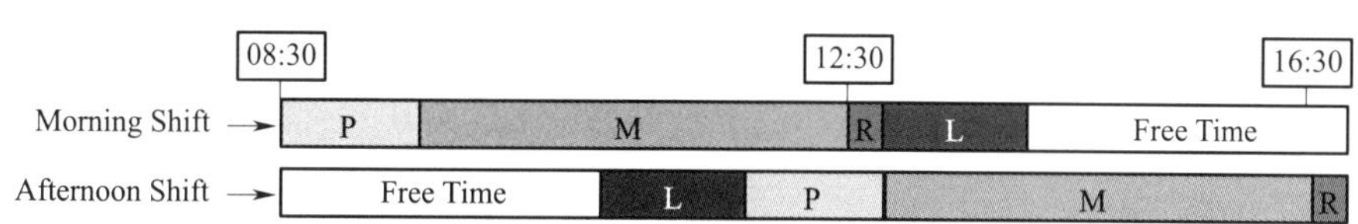

图 3–8　数控车项目竞赛流程

注：“P”表示 CAM Programming（CAM 编程），“M”表示 Machine is at Competitors Disposal（机器可供参赛选手使用），“R”表示 Reset Time of Machine（机器复位时间），“L”表示 Lunch（午餐）。

CAM 编程大约需要 3 个小时不间断的机械加工（包括输入程序、设置加工参数、尺寸保证等），因此需最大限度地利用机械加工时间。

轮班间机器的复位时间非常重要，复位时间内，要清空控制单元，重置加工参数到初始状态，取出刀架，将车床清理干净，为下一班准备好，以便下一组开始测试项目。编程开始时，参赛选手只能使用提供的电脑编写数控程序，这时不可以操作机器；加工时，参赛选手可以同时使用电脑和数控机器。

二、测试项目公差要求

测试模块图样加工要素的公差精度等级要求见表 3–27。

表 3–27　测试模块图样加工要素的公差精度等级要求

加工要素	内容	公差等级
	外圆轮廓	外圆直径公差等级≥ IT6 级
	圆弧轮廓	圆弧轮廓公差等级≥ IT7 级
	内孔直径≥ 20 mm （底孔钻头直径为 20 mm，长度≤ 90 mm）	内孔直径公差等级≥ IT6 级

续表

加工要素	内容		公差等级
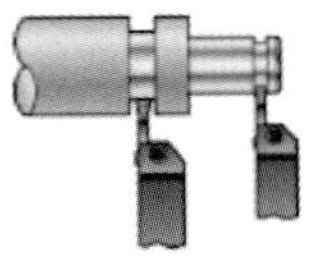	外圆沟槽底径	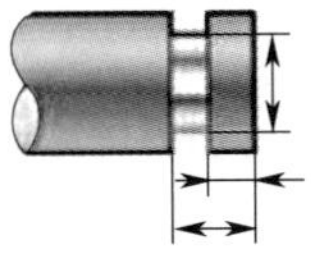	底径公差等级≥ IT6 级
	沟槽宽度≥ 3 mm	槽深与槽宽的比值≤ 4 槽深极限值≤ 20 mm	宽度公差等级≥ IT6 级
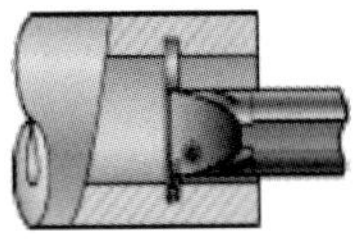	内圆沟槽直径	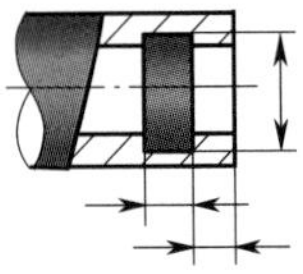	如果直径和宽度可测，公差等级≥ IT7 级
	沟槽宽度≥ 3 mm	槽深与槽宽的比值≤ 1	
	端面槽大径、小径和深度	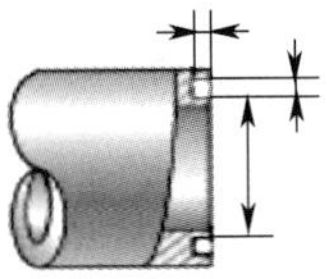 大径≤ 70 mm 小径≥ 50 mm 槽宽≥ 4 mm 深度≤ 12 mm	端面槽大径、小径和深度公差等级≥ IT7 级
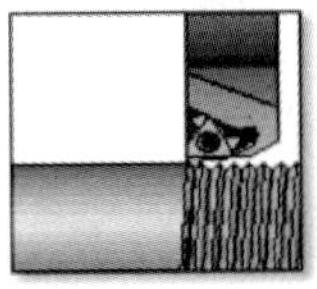	三角形外螺纹		公差等级 6h
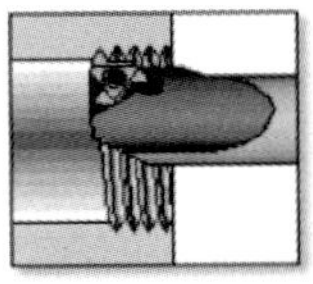	三角形内螺纹		公差等级 6H
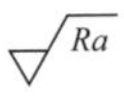 Ra	每个模块加工零件至少有 4 处表面粗糙度要求		*Ra*0.4 μm、*Ra*0.6 μm、*Ra*0.8 μm 或 *Ra*0.8 ~ 0.4 μm，其余表面粗糙度 *Ra*1.6 μm
	每个模块加工零件至少有 2 处几何公差要求		精度等级 IT7 ~ IT6 级

三、测试项目评分

1．评分标准（表 3–28）

表 3–28　评分标准

序号	标准	分数		
		主观评分	客观评分	合计
1	与图样的符合程度	10	/	10
2	表面粗糙度	/	10	10
3	主要尺寸	/	50	50
4	次要尺寸	/	25	25
5	材料使用	/	5	5
6	合计	100		

2．配分细则（表 3–29）

表 3–29　配分细则

评分类型	配分 /%	评分内容	数量	说明
测量评分（90%）	75	尺寸精度	25 ~ 45	径向尺寸数量、轴向尺寸数量、螺纹部分数量、几何公差数量（几何公差部分可适当加重配分）
	10	表面粗糙度	≤ 5 处	$Ra0.4\ \mu m$、$Ra0.8\ \mu m$、$Ra1.6\ \mu m$、$Ra0.8 \sim 0.4\ \mu m$
	5	无更换毛坯	1 件	有更换毛坯，奖励分为零，且只能更换 1 次
评分类型	等级	说明	数量	评分内容
主观评分（10%）	0	未达到工业标准	/	（1）倒角和圆弧过渡是否符合图样要求 （2）作品所有部位均不得带有毛刺 （3）作品所有表面是否有划伤、碰伤和夹伤 （4）已加工作品与图样要求的一致性 （5）除需要检测的表面，其余表面质量的完成程度
	1	达到工业标准	/	
	2	达到工业标准并部分超过工业标准	/	
	3	达到工业标准并全面超过工业标准	/	

注：主观评分采用四级评分制。

学习任务四　螺纹端盖的数控车加工

学习目标

1. 能严格按照企业安全操作规程、工艺规程、环境等要求规范地完成零件生产加工，具备踏实钻研的工作态度，营造安全规范和团结协作的工作氛围。

2. 能根据加工任务书，通过小组讨论，共同制订合理的工作计划。

3. 能根据任务书、零件图加工要求，通过查阅数控加工工艺学，分析并制定数控加工工艺，完成加工工序卡的填写。

4. 能合理选择编程指令，完成螺纹端盖加工程序的编制。

5. 能独立操作数控车床，完成螺纹端盖的加工，并解决在此过程中出现的简单报警和加工精度问题。

6. 能合理选择量具，规范、熟练地使用螺纹塞规、内孔塞规等量具在加工过程中适时测量，并调整尺寸加工参数，保证零件精度。

7. 能按照零件精度要求，检验零件是否达到工艺要求并判断加工质量，分析误差原因，提出修改意见。

8. 能按车间现场“6S”管理规定和产品工艺流程的要求，正确放置工具、产品，对机床、工具进行维护保养，并规范填写保养记录表。

9. 能主动获取有效信息，展示工作成果，对学习与工作进行反思总结，并能与他人开展良好合作，进行有效的沟通。

建议学时

48 学时。

工作情境描述

某企业接到一批螺纹端盖（图 4–1）加工订单，数量为 30 件。来料加工，材料为 45 钢，毛坯尺寸为 ϕ75 mm × 35 mm，交货期为 8 天。该零件由圆柱面、圆弧面、内孔、内沟槽和内螺纹组成，生产主管计划用数控车床进行加工。

Ra 1.6
0.04 B
0.04 A
R4
Ra 1.6
C1
φ68
φ40-0.025
φ30+0.021
M24×1.5—7H
12
3 3
φ18
φ28
φ40-0.025
φ48
Ra 1.6
A
11
Ra 1.6
技术要求
1. 未注尺寸公差为IT12级。
2. 倒钝锐边。
5+0.012
16+0.018
28±0.02
B
Ra 3.2
45
标记 处数 分区 更改文件号 签名 年、月、日
设计 标准化
审核
工艺 批准
阶段标记 质量 比例
1:1
共 张 第 张
螺纹端盖

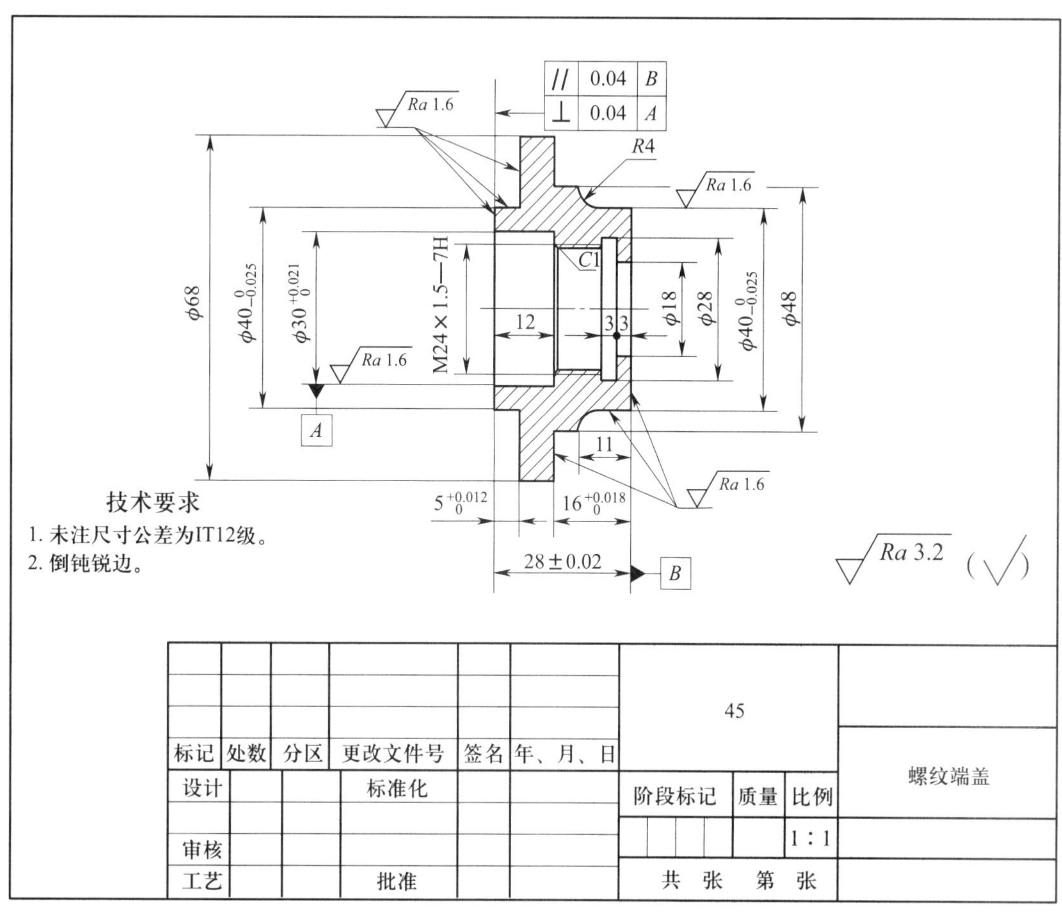

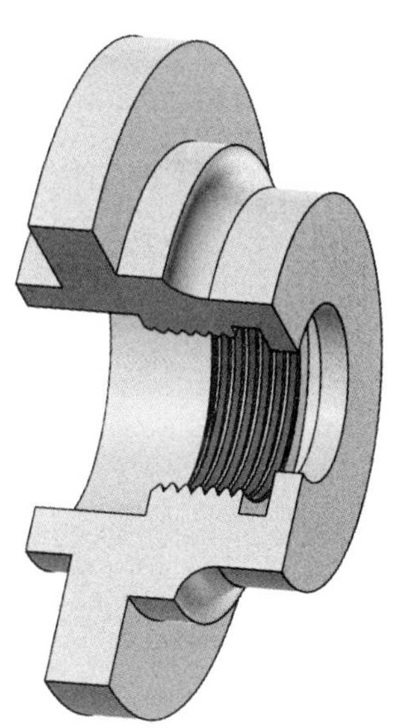

图 4-1　螺纹端盖

工作流程与活动

1．螺纹端盖的工艺分析与编程（6 学时）

2．螺纹端盖的数控车加工（36 学时）

3．螺纹端盖的检验与加工质量分析（2 学时）

4．工作总结与评价（4 学时）

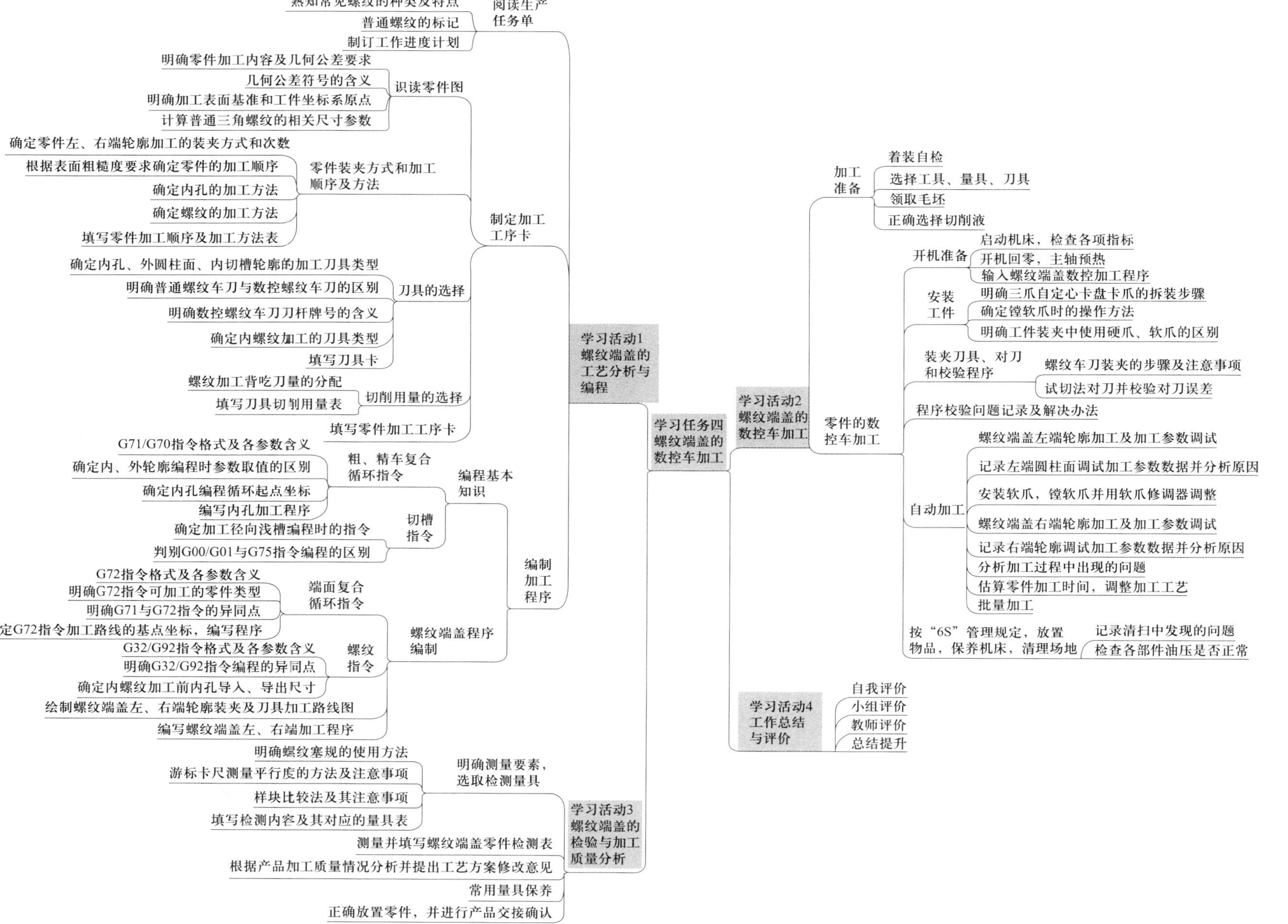
学习任务四 螺纹端盖的数控车加工
学习活动1 螺纹端盖的工艺分析与编程
阅读生产任务单
熟知常见螺纹的种类及特点
普通螺纹的标记
制订工作进度计划
制定加工工序卡
识读零件图
明确零件加工内容及几何公差要求
几何公差符号的含义
明确加工表面基准和工件坐标系原点
计算普通三角螺纹的相关尺寸参数
零件装夹方式和加工顺序及方法
确定零件左、右端轮廓加工的装夹方式和次数
根据表面粗糙度要求确定零件的加工顺序
确定内孔的加工方法
确定螺纹的加工方法
填写零件加工顺序及加工方法表
刀具的选择
确定内孔、外圆柱面、内切槽轮廓的加工刀具类型
明确普通螺纹车刀与数控螺纹车刀的区别
明确数控螺纹车刀刀杆牌号的含义
确定内螺纹加工的刀具类型
填写刀具卡
切削用量的选择
螺纹加工背吃刀量的分配
填写刀具切削用量表
填写零件加工工序卡
编制加工程序
编程基本知识
粗、精车复合循环指令
G71/G70指令格式及各参数含义
确定内、外轮廓编程时参数取值的区别
确定内孔编程循环起点坐标
编写内孔加工程序
切槽指令
确定加工径向浅槽编程时的指令
判别G00/G01与G75指令编程的区别
螺纹端盖程序编制
端面复合循环指令
G72指令格式及各参数含义
明确G72指令可加工的零件类型
明确G71与G72指令的异同点
确定G72指令加工路线的基点坐标，编写程序
螺纹指令
G32/G92指令格式及各参数含义
明确G32/G92指令编程的异同点
确定内螺纹加工前内孔导入、导出尺寸
绘制螺纹端盖左、右端轮廓装夹及刀具加工路线图
编写螺纹端盖左、右端加工程序
学习活动2 螺纹端盖的数控车加工
加工准备
着装自检
选择工具、量具、刀具
领取毛坯
正确选择切削液
零件的数控车加工
开机准备
启动机床，检查各项指标
开机回零，主轴预热
输入螺纹端盖数控加工程序
安装工件
明确三爪自定心卡盘卡爪的拆装步骤
确定镗软爪时的操作方法
明确工件装夹中使用硬爪、软爪的区别
装夹刀具、对刀和校验程序
螺纹车刀装夹的步骤及注意事项
试切法对刀并校验对刀误差
程序校验问题记录及解决办法
自动加工
螺纹端盖左端轮廓加工及加工参数调试
记录左端圆柱面调试加工参数数据并分析原因
安装软爪，镗软爪并用软爪修调器调整
螺纹端盖右端轮廓加工及加工参数调试
记录右端轮廓调试加工参数数据并分析原因
分析加工过程中出现的问题
估算零件加工时间，调整加工工艺
批量加工
按“6S”管理规定，放置物品，保养机床，清理场地
记录清扫中发现的问题
检查各部件油压是否正常
学习活动3 螺纹端盖的检验与加工质量分析
明确测量要素，选取检测量具
明确螺纹塞规的使用方法
游标卡尺测量平行度的方法及注意事项
样块比较法及其注意事项
填写检测内容及其对应的量具表
测量并填写螺纹端盖零件检测表
根据产品加工质量情况分析并提出工艺方案修改意见
常用量具保养
正确放置零件，并进行产品交接确认
学习活动4 工作总结与评价
自我评价
小组评价
教师评价
总结提升

学习活动 1　螺纹端盖的工艺分析与编程

学习目标

1. 能阅读生产任务单，明确工作任务，通过小组讨论，共同制订合理的加工工作进度计划。

2. 能够识别常见的螺纹类型。

3. 能读懂零件图，借助技术手册，查阅并写出任务零件尺寸精度、几何公差要求等信息。

4. 能根据普通三角形螺纹代号，进行相应的螺纹参数计算。

5. 能根据零件工艺要求，正确选择车削加工方法。

6. 能根据加工工艺、零件材料和零件形状特征等要求，查阅技术手册，合理选择刀具及切削用量。

7. 能确定零件加工基准并制定螺纹端盖的数控加工工艺，填写加工工序卡。

8. 能根据零件图，选取正确的装夹方式。

9. 能写出 G72、G32、G92 指令编程格式及其各参数的含义。

10. 能正确选用车削指令，编写螺纹端盖数控车加工程序。

建议学时：6 学时。

学习过程

一、阅读生产任务单（表 4–1）

表 4–1　　螺纹端盖生产任务单

单位名称				完成时间	年　月　日	
序号	产品名称	材料	生产数量	技术标准、质量要求		
1	螺纹端盖	45 钢	30	按图样要求		
2						
3						
检测批准时间		年　月　日	批准人			
通知任务时间		年　月　日	发单人			
接单时间		年　月　日	接单人		生产班组	检测组

注：生产任务单与零件图等一起领取。

阅读表 4–1 螺纹端盖生产任务单和图 4–1 螺纹端盖零件图，借助技术手册，回答下列问题。

1．常见的螺纹种类有哪些？分别有什么特点？

2．简述普通螺纹的标记方法。

3．下列螺纹标记分别属于哪种类型的螺纹？

M20：

M20×1.5：

M20×3（P1.5）：

M20×3—LH：

4．本生产任务工期为 7 天，请根据任务要求，制订合理的工作进度计划，并根据小组成员的特点进行分工，完成表 4–2 的填写。

表 4-2　　　　工作进度计划表

序号	工作内容	时间	成员	负责人
1	工艺分析			
2	编制程序			
3	程序检验与试切削调试			
4	车削加工			
5	成品检验与质量分析			

二、根据零件图，制定数控加工工序卡

1．识读螺纹端盖零件图

（1）分析零件图，在表 4-3 中写出螺纹端盖的主要加工尺寸、几何公差要求和表面质量要求，为零件的编程做准备。

表 4-3　　　　螺纹端盖零件图分析

序号	项目	内容	偏差范围（数值）
1	主要加工尺寸		
2			
3			
4			
5			
6			
7			
8			
9			
10			
11			
12			
13			
14			
15			
16	几何公差要求		
17			
18	表面质量要求		
19			

（2）查阅技术手册或咨询班组长等专业技术人员，完成表 4–4 中标注符号含义的填写。

表 4–4　标注符号含义

标注符号	含义
// 0.04 B	
⊥ 0.04 A	

（3）通过分析零件图，明确加工表面基准，确定零件加工的工件坐标系原点（图示说明），为选择合理的对刀方法做准备。

（4）查阅资料，简述 M24×1.5—7H 螺纹的相关尺寸参数（含螺纹大径、中径、小径、牙高等尺寸计算）。

2．确定螺纹端盖的装夹方式和加工顺序及方法

（1）螺纹端盖是左、右端内、外轮廓综合加工，故采用_____次装夹。同时，在加工右端面轮廓过程中，为防止零件变形，应采用____________的装夹方式，达到几何公差的要求。

（2）螺纹端盖零件表面粗糙度要求较高（分别为 $Ra3.2\ \mu m$ 和 $Ra1.6\ \mu m$），故采用____________原则来确定零件的加工顺序。

（3）$\phi 30$ mm 内孔的表面粗糙度要求为 $Ra1.6\ \mu m$，按孔加工要求，加工工序原则遵循____________方式。

（4）根据加工的方向不同，螺纹可分为____________螺纹和____________螺纹两种。根据不同的用途螺纹可分的种类更多，同样的螺纹又有不同的加工方式。一般螺纹加工方法可分为____________、____________、____________三种，____________方法在加工梯形螺纹时极易产生“扎刀”现象。

（5）根据以上学习资料，确定螺纹端盖的加工顺序及加工方法，完成表 4–5 的填写。

表 4–5 零件加工顺序及加工方法

顺序号	加工顺序	加工方法

3．刀具的选择

本任务零件分为左、右两端加工，外轮廓都为递增型轮廓形状，内轮廓都为递减型轮廓形状（除内切槽与内螺纹外）。因此，在刀具选择过程中，不同形状表面应选择不同的刀具加工，刀具角度偏大或偏小都会对加工产生严重的影响，导致零件加工尺寸误差大。

（1）本任务中，每种加工类型刀具在选择时应注意哪些问题?

（2）普通螺纹车刀和数控螺纹车刀有什么区别?

（3）数控螺纹车刀按刀片大小分类，内螺纹刀片可分为 11、16 和 22 三个系列，外螺纹刀片有 16 和 22 两个系列，其加工覆盖了螺距为 1.0 ~ 6.0 的常用螺纹。查阅资料，说明 11、16 和 22 三个系列分别可加工哪种螺纹?

（4）根据螺纹的加工方式、刀片大小、机床中心高就能正确选择刀杆。左刀片必须配左刀杆，右刀片必须配右刀杆，图 4–2 所示为螺纹加工示意图。

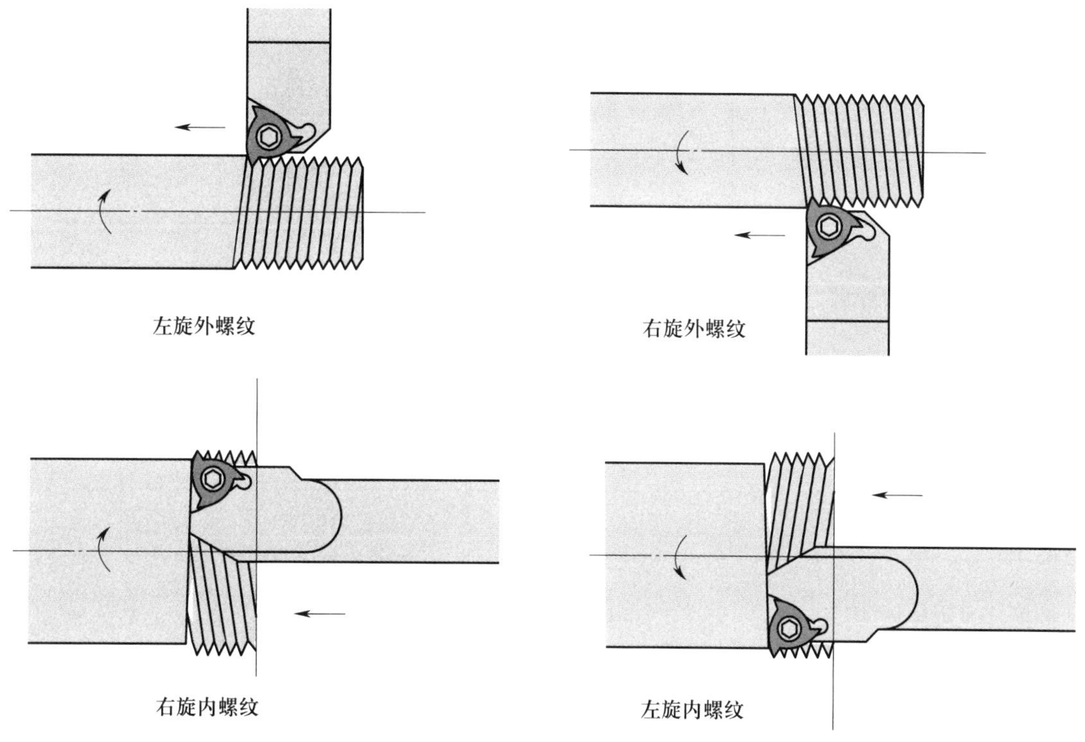

图 4–2　螺纹加工示意图

①查阅资料，解释 SNR/L0016M16 内螺纹刀杆牌号含义，使用的刀片类型是哪种？可加工最小孔径是多少？

②查阅资料，写出加工本任务中内螺纹所使用的刀杆牌号。

（5）根据本任务零件的加工内容，进行刀具的选择并完成表 4–6 刀具卡的填写。

表 4–6　　刀具卡

<table>
<tr><td colspan="2">产品名称或代号</td><td></td><td>零件名称</td><td></td><td>零件图号</td><td></td></tr>
<tr><td>刀具号</td><td colspan="2">刀具名称</td><td>数量</td><td>加工内容</td><td>刀尖半径 / mm</td><td>刀具规格 /（mm×mm）</td></tr>
<tr><td></td><td colspan="2"></td><td></td><td></td><td></td><td></td></tr>
<tr><td></td><td colspan="2"></td><td></td><td></td><td></td><td></td></tr>
<tr><td></td><td colspan="2"></td><td></td><td></td><td></td><td></td></tr>
<tr><td></td><td colspan="2"></td><td></td><td></td><td></td><td></td></tr>
<tr><td></td><td colspan="2"></td><td></td><td></td><td></td><td></td></tr>
<tr><td></td><td colspan="2"></td><td></td><td></td><td></td><td></td></tr>
</table>

4．切削用量的选择

（1）螺纹加工背吃刀量的分配

螺纹切削中，螺距、螺纹的牙深不同，切削的进给次数和背吃刀量需根据螺距和牙深逐步递减进给。如果螺纹牙型较深或螺距较大，可分多次进给。每次进给的背吃刀量为实际牙型高度减精加工背吃刀量后所得的差，并按递减规律分配。常用公制螺纹切削时的进给次数与实际背吃刀量（直径量）可参考经验值选取，见表 4–7。

表 4–7　　常用公制螺纹切削的进给次数与实际背吃刀量

<table>
<tr><td colspan="2">螺距 /mm</td><td>1.0</td><td>1.5</td><td>2.0</td><td>2.5</td></tr>
<tr><td colspan="2">总切深量 /mm</td><td>1.3</td><td>1.95</td><td>2.6</td><td>3.25</td></tr>
<tr><td rowspan="6">每次进给背吃刀量 /mm</td><td>1 次</td><td>0.8</td><td>1.0</td><td>1.2</td><td>1.3</td></tr>
<tr><td>2 次</td><td>0.4</td><td>0.6</td><td>0.7</td><td>0.9</td></tr>
<tr><td>3 次</td><td>0.1</td><td>0.25</td><td>0.4</td><td>0.5</td></tr>
<tr><td>4 次</td><td>/</td><td>0.1</td><td>0.2</td><td>0.3</td></tr>
<tr><td>5 次</td><td>/</td><td>/</td><td>0.1</td><td>0.15</td></tr>
<tr><td>6 次</td><td>/</td><td>/</td><td>/</td><td>0.1</td></tr>
</table>

（2）查阅刀具切削用量手册，结合刀具和加工方法等信息，选择合适的切削用量，完成表 4–8 的填写。

表 4-8　　　　刀具切削用量表

刀具号	刀具名称	加工内容	主轴转速 /（r/min）	进给速度 /（mm/min）	背吃刀量 / mm

5．螺纹端盖数控加工工序卡的制定

小组讨论（或独立）制定本任务零件数控加工工序，并完成表 4-9 数控加工工序卡的填写。

表 4-9　　　　数控加工工序卡

<table>
<tr><td rowspan="2">单位名称</td><td rowspan="2"></td><td colspan="2">产品名称或代号</td><td colspan="2">零件名称</td><td colspan="2">零件图号</td></tr>
<tr><td colspan="2"></td><td colspan="2"></td><td colspan="2"></td></tr>
<tr><td>工序号</td><td>程序编号</td><td colspan="2">夹具名称</td><td colspan="2">使用设备</td><td colspan="2">车间</td></tr>
<tr><td></td><td></td><td colspan="2"></td><td colspan="2"></td><td colspan="2"></td></tr>
<tr><td>工步号</td><td>工步内容</td><td>刀具号</td><td>刀具规格 /（mm × mm）</td><td>主轴转速 /（r/min）</td><td>进给速度 /（mm/min）</td><td>背吃刀量 / mm</td><td>备注</td></tr>
<tr><td></td><td></td><td></td><td></td><td></td><td></td><td></td><td></td></tr>
<tr><td></td><td></td><td></td><td></td><td></td><td></td><td></td><td></td></tr>
<tr><td></td><td></td><td></td><td></td><td></td><td></td><td></td><td></td></tr>
<tr><td></td><td></td><td></td><td></td><td></td><td></td><td></td><td></td></tr>
<tr><td></td><td></td><td></td><td></td><td></td><td></td><td></td><td></td></tr>
<tr><td></td><td></td><td></td><td></td><td></td><td></td><td></td><td></td></tr>
<tr><td></td><td></td><td></td><td></td><td></td><td></td><td></td><td></td></tr>
<tr><td></td><td></td><td></td><td></td><td></td><td></td><td></td><td></td></tr>
<tr><td></td><td></td><td></td><td></td><td></td><td></td><td></td><td></td></tr>
<tr><td></td><td></td><td></td><td></td><td></td><td></td><td></td><td></td></tr>
<tr><td></td><td></td><td></td><td></td><td></td><td></td><td></td><td></td></tr>
<tr><td>编制</td><td></td><td>审核</td><td></td><td>批准</td><td></td><td>共　页</td><td>第　页</td></tr>
</table>

三、编制螺纹端盖加工程序

1．编程基本知识

（1）如图 4–3 所示，毛坯尺寸 ϕ46 mm×40 mm 已符合要求，且已加工 ϕ16 mm 通孔，根据要求回答下列问题。

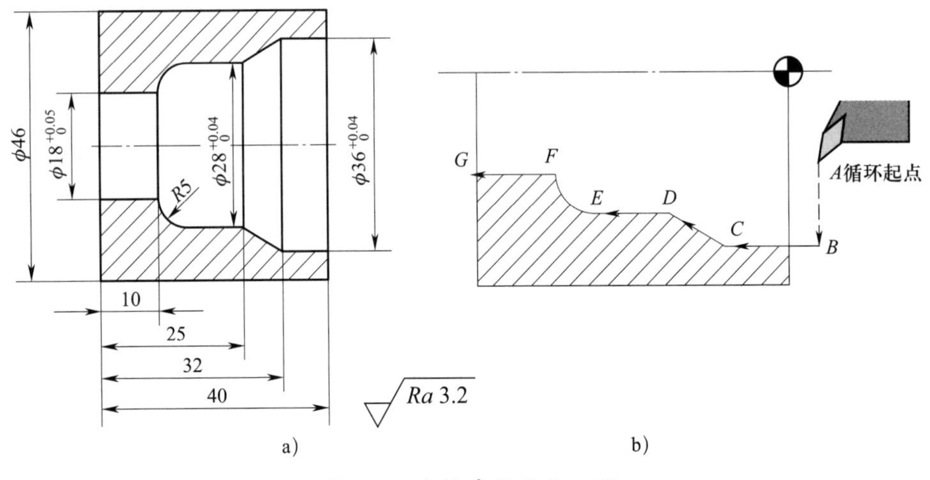

图 4–3　内轮廓零件加工图

a）零件图　b）刀具加工路线

①根据加工图形和刀具路线设计要求，该轮廓可采用什么指令编程？与外轮廓编程时加工参数的取值有什么区别?

②图 4–3b 所示刀具加工路线中 A 点坐标一般取什么数值？为什么?

③根据图 4-3b 所示精加工路线的编程基点，利用 G71 指令编写内孔加工程序，并填入表 4-10 中。

表 4-10　内孔加工程序

O0001；	程序名
加工程序	程序说明

（2）加工径向浅槽，当槽宽等于刀宽时，用 G00、G01 指令还是用 G75 指令好？为什么？

2．螺纹端盖编程指令

（1）写出 G72 指令的格式并简述各参数的含义。

（2）简述 G72 指令可加工的零件类型有哪些。

（3）根据图 4-4b 所示 G72 指令精加工路线和图 4-3b 所示 G71 指令精加工路线，简述 G71 与 G72 指令的异同点。

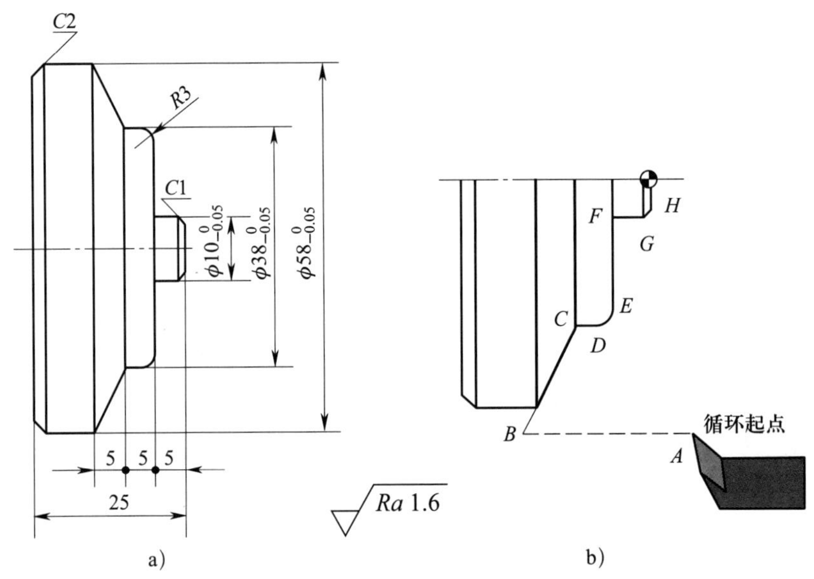

图 4-4　外轮廓零件加工图

a）零件图　b）刀具加工路线

（4）根据图 4–4b 所示精加工路线的编程基点，利用 G72 指令编写外轮廓加工程序，并填入表 4–11 中。

表 4–11　外轮廓加工程序

O0002；	程序名
加工程序	程序说明

（5）简述 G32 和 G92 的指令格式及各参数含义。

（6）简述 G32 指令和 G92 指令的异同点。哪个指令编程更为简便？

（7）在加工任务中 M24×1.5—7H 的螺纹前，内孔尺寸要车削至小径________，螺纹头倒角尺寸为________，编程时导入距离为________，导出距离为________。

3．加工路线的确定

根据以上学习，设计螺纹端盖左、右端轮廓装夹及加工路线，绘制装夹位置和加工路线图，并标出刀具进给方向及进、退刀点（不同轮廓可采用不同颜色标记）。

4．编制程序

（1）螺纹端盖左端轮廓加工程序（表 4–12）

表 4–12　　螺纹端盖左端轮廓加工程序

外轮廓加工程序	内孔加工程序

（2）螺纹端盖左端内切槽和内螺纹加工程序（表 4–13）

表 4–13 螺纹端盖左端内切槽和内螺纹加工程序

内切槽加工程序	内螺纹加工程序

（3）螺纹端盖右端轮廓加工程序（表 4–14）

表 4–14 螺纹端盖右端轮廓加工程序

外轮廓加工程序	外轮廓加工程序

学习活动 2　螺纹端盖的数控车加工

学习目标

1. 能严格按照企业安全操作规程、工艺规程、环境等要求，规范地完成零件生产加工，具备踏实钻研的工作态度，营造安全规范和团结协作的工作氛围。

2. 能正确拆装三爪自定心卡盘硬爪、软爪。

3. 能根据零件图要求，镗削软爪，并进行软爪修调。

4. 能正确装夹工件，并对其进行找正。

5. 能根据零件图，选择符合加工要求的工具、量具、夹具及辅具。

6. 能正确选择本任务要用的切削液。

7. 能正确、规范地装夹螺纹车刀。

8. 能正确对刀，建立工件坐标系。

9. 能正确进行程序的编辑、输入、调试与优化。

10. 能规范使用内孔塞规、螺纹塞规等量具在加工过程中适时测量，及时调整加工参数，保证零件精度。

11. 能解决加工过程中出现的常见报警和机床故障问题。

12. 能按车间现场“6S”管理规定和产品工艺流程的要求，正确放置工具、量具、刀具，整理现场，保养机床，并规范填写保养记录表。

建议学时：36 学时。

学习过程

一、加工准备

1．着装自检

根据生产车间着装管理规定，进行着装自检，对不合格的情况按要求进行记录。

2．选择工具、量具、刀具

填写表 4–15 工具、量具、刀具清单，并领取工具、量具、刀具。

表 4–15　工具、量具、刀具清单

序号	名称	规格	数量	备注
1				
2				
3				
4				
5				
6				
7				

3．领取毛坯

领取毛坯，测量并记录所领毛坯的实际外形尺寸，并做好记录，判断毛坯是否有足够的加工余量及其外形是否满足加工条件。

4．根据加工对象及所用刀具，正确选择切削液，并简述切削液的作用。

二、零件的数控车加工

1．开机准备

（1）启动机床。

（2）机床各轴回参考点。

（3）输入数控加工程序。

2．安装工件

本任务需要进行左、右端加工两次装夹。当第一次加工完左端内、外轮廓后，进行二次装夹时，左端 ϕ68 mm 圆柱面为已加工表面，同时要保证几何公差要求，故需要拆除三爪自定心卡盘硬爪，安装软爪装夹 ϕ68 mm 已加工表面，根据图 4-5 所示回答下列问题。

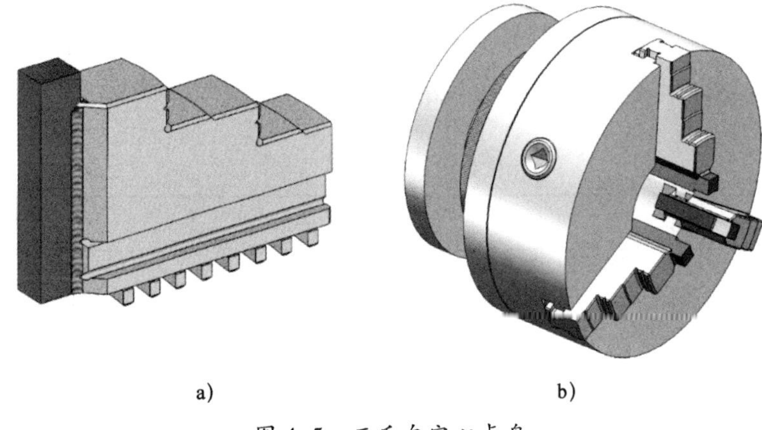

a)　　　　b)

图 4-5　三爪自定心卡盘

a）卡爪　b）三爪自定心卡盘

（1）简述三爪自定心卡盘卡爪的拆装操作步骤。

（2）安装软爪后，是否可以直接装夹 ϕ68 mm 已加工表面？如果不可以，应该怎样做？

（3）镗软爪时，需要借助什么工具进行测量调整？具体如何操作？

（4）装夹工件时，使用硬爪与软爪的区别是什么？

3．装夹刀具

如图 4–6 所示，简述螺纹车刀装夹的方法及校验方法。

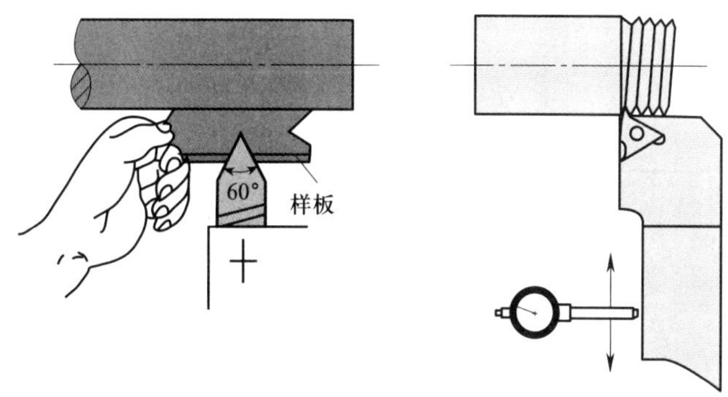

图 4–6　螺纹车刀装夹

4．对刀和校验程序

（1）通过试切法设置工件坐标系原点并校验刀具的对刀误差。

（2）程序校验

在表 4–16 中记录程序输入和校验时产生的报警号，并说明产生报警的原因及解决办法。

表 4–16　报警内容记录单

报警号	报警内容	报警原因	解决办法

续表

报警号	报警内容	报警原因	解决办法

5．自动加工

（1）左端轮廓自动加工

螺纹端盖左端轮廓加工工序过程和工序图见表 4–17。

表 4–17　螺纹端盖左端轮廓加工工序图

序号	工序	工序图
1	卡盘硬爪装夹 $\phi75$ mm 圆柱面，调出内孔轮廓粗、精加工程序	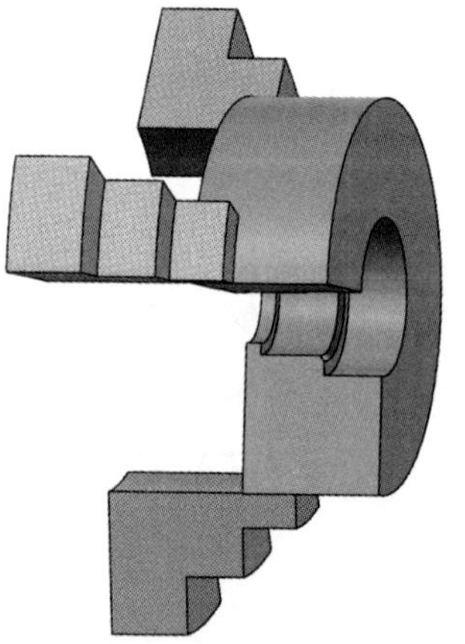

续表

序号	工序	工序图
2	内沟槽粗、精加工	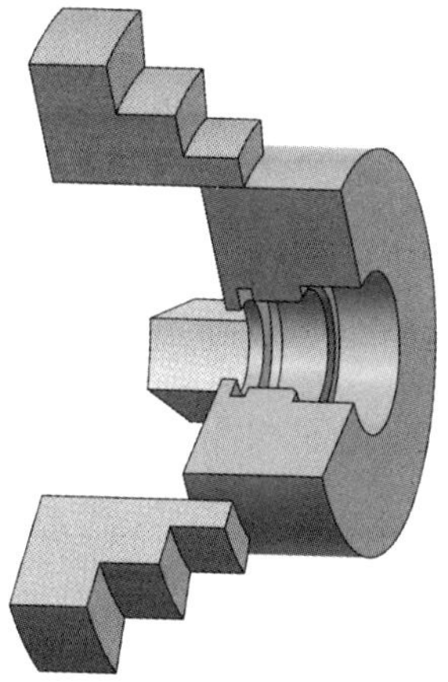
3	内螺纹及左端外轮廓加工	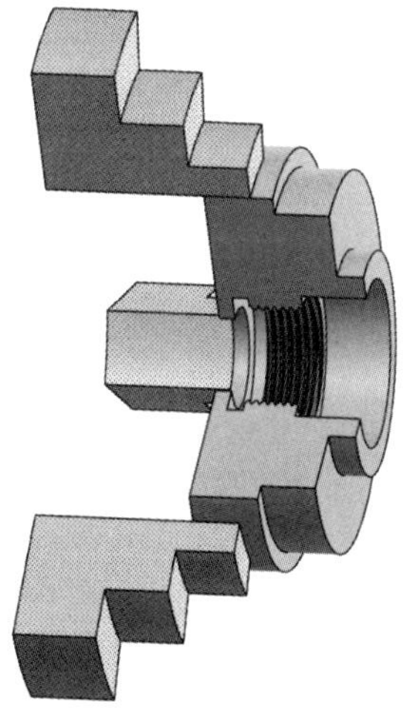

①三爪自定心卡盘硬爪装夹 $\phi75$ mm 圆柱面，调出内孔轮廓粗、精加工程序，转入自动加工模式，对工件进行试切加工，并在加工过程中密切观察加工状态，如有异常现象及时停机检查，分析并记录异常原因。

②内孔轮廓粗加工完毕，精确测量加工尺寸，根据测量结果，修改刀具补正值，再进行精加工。若粗加工尺寸误差较大，调试加工参数，将调试数据和名称记录在表 4-18 中，并分析误差原因。

表 4-18　内孔轮廓调试加工参数名称及数值

序号	调试前加工参数名称	数据值	调试后数据值

产生原因：

③内沟槽进行粗、精加工，粗加工结束，测量尺寸是否和粗加工尺寸一致，表面粗糙度是否达到要求。如有误差，调试加工参数，分析原因并填写表 4-19。

表 4-19　内沟槽调试加工参数名称及数值

序号	调试前加工参数名称	数据值	调试后数据值

产生原因：

④内螺纹及左端外轮廓加工，用螺纹塞规进行检测，调试加工参数，如有误差，分析原因并填写表 4-20。

表 4-20　内螺纹及左端外轮廓调试加工参数名称及数值

序号	调试前加工参数名称	数据值	调试后数据值

产生原因：

⑤螺纹加工中如果出现烂牙、乱牙、螺纹塞规都通的情况，是由哪些因素造成?

（2）右端轮廓自动加工

螺纹端盖右端轮廓加工工序过程和工序图见表 4–21。

表 4–21　　螺纹端盖右端轮廓加工工序图

序号	工序	工序图
1	拆去三爪自定心卡盘硬爪，安装软爪，并进行镗软爪（镗一个 ϕ68 mm、深度为 6 mm 的孔，并用软爪修调器调整）	
2	装夹左端已加工好的 ϕ68 mm 圆柱面，调用右端轮廓加工程序	

粗加工结束，测量尺寸是否和粗加工尺寸一致，表面粗糙度是否达到要求。如有误差，调试加工参数，分析原因并填写表 4–22。

表 4–22　右端轮廓调试加工参数名称及数值

序号	调试前加工参数名称	数据值	调试后数据值

产生原因：

（3）加工中注意观察刀具切削加工情况，在表 4–23 中记录加工中不合理的因素及出现的问题，以便于纠正，提高工作效率（如切削用量、刀具加工路径等是否合理，刀具是否有干涉等）。

表 4–23　加工中遇到的问题

问题	分析原因	预防措施	改进方法

（4）加工完毕，综合检测零件加工尺寸是否符合图样要求。若合格，将工件卸下，进行下一件的加工；若不合格，分析报废的原因并提出改进措施。

（5）根据零件加工路径，估算零件加工时间（估算方法：总时间约为实际加工路径的总距离除以进给量，再加上装夹零件和刀具、编程、调整参数等辅助时间）是否满足生产时间要求，为后续批量生产或工艺修调做准备。

三、保养机床，清理场地

加工完毕，按照图样要求进行自检，正确放置零件，并进行产品交接确认；按照国家环保相关规定和车间要求整理现场，清扫切屑，保养机床，并正确处置废油液等废弃物；按车间规定填写设备日常保养记录卡（附表 1）。

检查各部件及润滑油油压是否正常，将异常问题记录下来。

学习活动 3　螺纹端盖的检验与加工质量分析

学习目标

1. 能根据零件图，合理选择检验量具。

2. 能规范、熟练地使用螺纹塞规、内孔塞规、半径样板等量具，并对其进行保养和维护。

3. 能根据零件尺寸的测量结果，分析误差产生的原因。

4. 能按照生产车间管理要求，正确放置检验量具。

建议学时：2 学时。

学习过程

一、明确测量要素，选取检测量具

1．对于内螺纹，常用图 4–7 所示的螺纹塞规进行检测，简述螺纹塞规的测量方法。

图 4–7　螺纹塞规

2．以 B 面为基准面，用游标卡尺在螺纹端盖左端面不同点测量两平面间的厚度，根据读数确定该位置的平行度是否有误差。简述游标卡尺测量时的注意事项。

3．检测工件表面粗糙度常用样块比较法。查阅资料，并结合图 4–8 所示车床表面粗糙度对比样块，简述样块比较法的概念及注意事项。

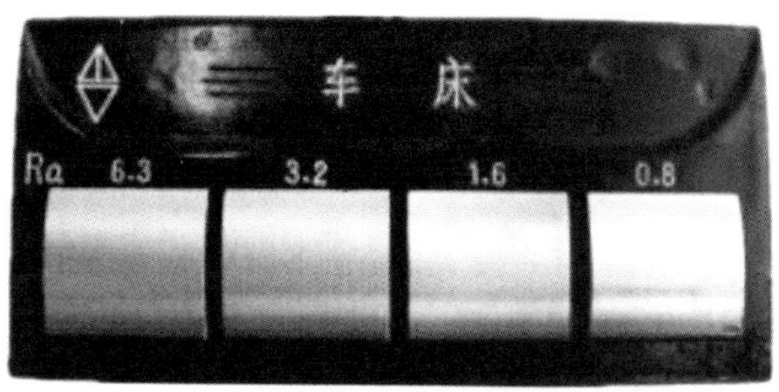

图 4–8　车床表面粗糙度对比样块

4．根据零件的被测量要素，填写表 4–24 中的检测内容及其所对应的量具。

表 4–24　检测内容及其所对应的量具

序号	量具名称	量具规格（精度）	检测内容	备注

二、检测螺纹端盖零件，填写表 4–25

表 4–25　螺纹端盖零件检测表

工件编号		配分	项目与技术要求	评分标准	检测记录	得分
序号	名称					
1	主要尺寸（56 分）	5×2	$\phi 40_{-0.025}^{0}$ mm（2 处）	超差不得分		
2		3	$\phi 68$ mm	超差不得分		
3		3	$\phi 48$ mm	超差不得分		
4		5	$\phi 30_{0}^{+0.021}$ mm	超差不得分		
5		4	$\phi 18$ mm	超差不得分		

续表

工件编号		配分	项目与技术要求	评分标准	检测记录	得分
序号	名称					
6	主要尺寸（56分）	5	$5^{+0.012}_{0}$ mm	超差不得分		
7		5	$16^{+0.018}_{0}$ mm	超差不得分		
8		5	（28 ± 0.02）mm	超差不得分		
9		8	M24 × 1.5—7H	超差不得分		
10		4	// 0.04 B	超差不得分		
11		4	⊥ 0.04 A	超差不得分		
12	次要尺寸（16分）	2	*R*4 mm	超差不得分		
13		4	ϕ28 mm	超差不得分		
14		4	11 mm	超差不得分		
15		4	12 mm	超差不得分		
16		2	*C*1 mm	超差不得分		
17	表面粗糙度（13分）	1 × 8	*Ra*1.6 μm（8处）	降级不得分		
18		1 × 5	*Ra*3.2 μm（5处）	降级不得分		
19	主观评分（10分）	3.5	已加工零件倒角、倒圆、去毛刺是否符合图样要求			
20		3.5	已加工零件是否有划伤、碰伤和夹伤			
21		3	已加工零件与图样要求的一致性以及其余表面粗糙度			
22	更换毛坯（5分）	5	是否更换毛坯	是 / 否		
23	职业素养	扣分	能正确穿戴工作服、工作鞋、安全帽等劳动防护用品。每违反一项扣2分			
24			能按机床使用正确规范进行开关机、对刀等基本操作。每误操作一次扣2分			
25			能规范使用及保养工具、量具和辅具。每违规操作一次扣2分			
26			能做好设备清洁、保养工作。不清洁、不保养扣3分；保养不彻底扣2分			
总配分		100	总得分			

三、根据产品加工质量情况分析并提出工艺方案修改意见

对不合格项目进行分析、讨论，小组提出工艺方案修改意见，完成表4–26的填写。

表 4-26　　加工质量分析表

不合格项目	工作任务项目	产生原因	预防及改进措施

四、常用量具保养

了解螺纹塞规、内孔塞规和半径样板等通用量具的清洗和保养规则，使用完后按要求保养、放置。

五、正确放置零件，并进行产品交接确认

学习活动 4　工作总结与评价

学习目标

1. 能按照螺纹端盖加工综合评价表完成自评。

2. 能团结合作，互帮互助，小组共同完成高质量的成果汇报。

3. 能按分组情况派代表展示零件加工成果，使用专业术语讲述本任务的完成情况，并做分析总结。

4. 能认真听取其他组汇报，取长补短，精益求精，就本任务中出现的问题提出改进措施。

5. 能结合自身任务完成情况，正确、规范地撰写工作总结（心得体会）。

建议学时：4 学时。

学习过程

学习评价以学习目标为导向，围绕学习过程设计评价要点，依据多元评价理论，从不同角度关注学生综合职业能力和职业素质的养成。在教学过程中，分别以自我评价、小组评价和教师评价三部分综合构成，检验并提升学生的综合职业能力。最终学生成绩按下式进行计算：总评成绩 = 自我评价（40%）+ 小组评价（10%）+ 教师评价（50%）。

一、自我评价

学生通过自我评价发现自己存在的问题和不足，自我评价总分占学习评价的 40%（其中产品评价占 20%，自我评价占 20%）。

自我评价表见附表 2。

二、小组评价

小组评价由“组内工作过程考核互评”和“组间展示互评”两部分组成。“组内工作过程考核互评”让学生在评价别人和接受别人评价中发现问题、解决问题。“组间展示互评”把个人制作好的零件先进行分组展示，再由小组推荐代表做工作过程的介绍。在展示的过程中，以组为单位进行评价；评价完成后，根据其他组成员对本组展示的成果评价意见进行归纳总结。通过组内和组间互相考核，促进学生按规范认真完成工作任务，也使评价者在互评中完成知识学习和素质养成，小组评价总分占学习评价的10%。

组内工作过程考核互评表见附表3。

组间展示互评表见附表4。

三、教师评价

教师评价的目的是提供有效的诊断和反馈，强化和改进教学的实施，对学生的学习过程进行评价。首先，教师对展示的作品分别做评价：一是找出各组的优点进行点评。二是对展示过程中各组的缺点进行点评，提出改进方法。三是对整个任务完成中出现的亮点和不足进行点评。其次，教师在教学过程中，根据学生的具体行为表现，按教师评价指标进行评价，教师评价总分占学习评价的50%。

教师评价表见附表5。

四、总结提升

1．如何提高学习过程中团队协作的效率?

2．一个优秀的企业员工要具备哪些职业素养？通过本任务的学习，反思自己在哪些方面还有欠缺？如何增强?

3．在工作成果汇报过程中，如何提升自己的语言表达能力?

4．试结合自身任务完成情况，通过交流、讨论等方式较全面、规范地撰写本任务的工作总结（包含影响产品质量的因素、工艺顺序安排的依据和重要性、企业制订工作生产计划的理由等）。

工作总结（心得体会）

任务拓展

螺纹顶盖的数控车加工

一、零件图

某企业接到一批螺纹顶盖（图 4–9）加工订单，数量为 30 件。来料加工，材料为 45 钢，毛坯尺寸为 ϕ42 mm × 35 mm，交货期为 7 天。该零件由圆柱体、内沟槽和内螺纹组成，生产主管计划用数控车床进行加工。

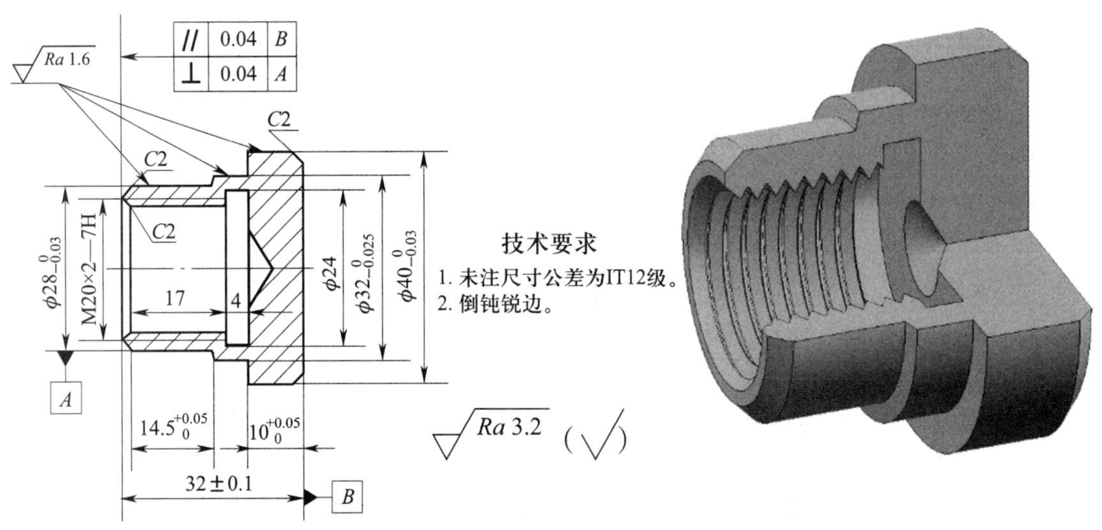

图 4–9 螺纹顶盖

二、评分标准

按表 4–27 所示项目和技术要求检测螺纹顶盖是否合格。

表 4–27 螺纹顶盖零件检测表

工件编号		配分	项目与技术要求	评分标准	检测记录	得分
序号	名称					
1	主要尺寸（48 分）	8	$\phi32_{-0.025}^{0}$ mm	超差不得分		
2		8	$\phi40_{-0.03}^{0}$ mm	超差不得分		
3		8	$\phi28_{-0.03}^{0}$ mm	超差不得分		
4		8	// 0.04 B	超差不得分		
5		8	⊥ 0.04 A	超差不得分		
6		8	M20 × 2—7H	超差不得分		

续表

工件编号		配分	项目与技术要求	评分标准	检测记录	得分
序号	名称					
7	次要尺寸（25分）	5	$14.5^{+0.05}_{0}$ mm	超差不得分		
8		5	（32±0.1）mm	超差不得分		
9		5	$10^{+0.05}_{0}$ mm	超差不得分		
10		4	17 mm	超差不得分		
11		2×3	*C*2 mm（3处）	超差不得分		
12	表面粗糙度（12分）	2×3	*Ra*1.6 μm（3处）	降级不得分		
13		2×3	*Ra*3.2 μm（3处）	降级不得分		
14	主观评分（10分）	3.5	已加工零件倒角、倒圆、去毛刺是否符合图样要求			
15		3.5	已加工零件是否有划伤、碰伤和夹伤			
16		3	已加工零件与图样要求的一致性以及其余表面粗糙度			
17	更换毛坯（5分）	5	是否更换毛坯	是 / 否		
18	职业素养	扣分	能正确穿戴工作服、工作鞋、安全帽等劳动防护用品。每违反一项扣2分			
19			能按机床使用规范正确进行开关机、对刀等基本操作。每误操作一次扣2分			
20			能规范使用及保养工具、量具和辅具。每违规操作一次扣2分			
21			能做好设备清洁、保养工作。不清洁、不保养扣3分；保养不彻底扣2分			
总配分			100	总得分		

世赛知识

世界技能大赛数控车项目中国参赛成绩

世界技能组织已成功举办44届世界技能大赛。我国于2010年加入世界技能组织，2011年第一次参加世界技能大赛（第41届）。我国数控车项目在英国伦敦、德国莱比锡、巴西圣保罗、阿联酋阿布扎比、俄罗斯喀山五次世界技能大赛征战中次次有突破，累计获得36枚金牌、29枚银牌、20枚铜牌和58个优胜奖。而在第45届世界技能大赛数控车项目中实现了金牌零突破，中国代表团在第44届和第45届大赛上荣获了金牌总数、奖牌总数和团体总分第一的好成绩，以令人震撼的成绩向世界充分展现了“中国制造”的力量。获奖情况见表4–28。

表4–28　奖牌榜（2011—2019）

赛事	奖牌	选手	培养学校	世赛培训基地
第41届世界技能大赛	无	盛国栋	浙江工业职业技术学院	江苏省盐城技师学院
第42届世界技能大赛	无	莫俊杰	广州市机电技师学院	北京市工业技师学院
第43届世界技能大赛	优胜奖	王帅	北京市工业技师学院	北京市工业技师学院
第44届世界技能大赛	银牌	陈智民	广东省机械技师学院	广东省机械技师学院
第45届世界技能大赛	金牌	黄晓呈	广东省机械技师学院	广东省机械技师学院

学习任务五　气缸连接头的数控车加工

学习目标

1. 能根据加工任务，通过小组讨论，共同制订合理的工作计划。

2. 能根据任务书、零件图加工要求，通过查阅学习资料，确定加工基准，分析并制定数控加工工艺，完成加工工序卡的填写。

3. 能合理选择编程指令，完成气缸连接头加工程序的编制。

4. 能严格按照企业安全操作规程、工艺规程、环境等要求规范地独立操作数控车床，完成气缸连接头的数控车加工，并解决在此过程中出现的简单报警。

5. 能合理选择量具，规范、熟练地使用螺纹环规、半径样板等量具在加工过程中进行适时测量，并调整尺寸加工参数，保证零件精度。

6. 能按照零件精度要求，检验零件是否达到工艺要求并判断加工质量，分析误差原因，提出修改意见。

7. 能按车间现场“6S”管理规定和产品工艺流程的要求，正确放置工具、产品，对机床、工具进行维护保养，并规范填写保养记录表。

8. 能主动获取有效信息，团结协作，展示工作成果，对学习与工作进行反思总结，并能与他人开展良好合作，进行有效的沟通。

建议学时

60 学时。

工作情境描述

某企业接到一批气缸连接头（图 5–1）的加工订单，数量为 30 件。来料加工，材料为 45 钢棒料，毛坯尺寸为 ϕ45 mm×60 mm，交货期为 10 天。该零件由台阶轴、内螺纹、内沟槽、孔和管螺纹等组成，生产主管计划用数控车床进行加工。

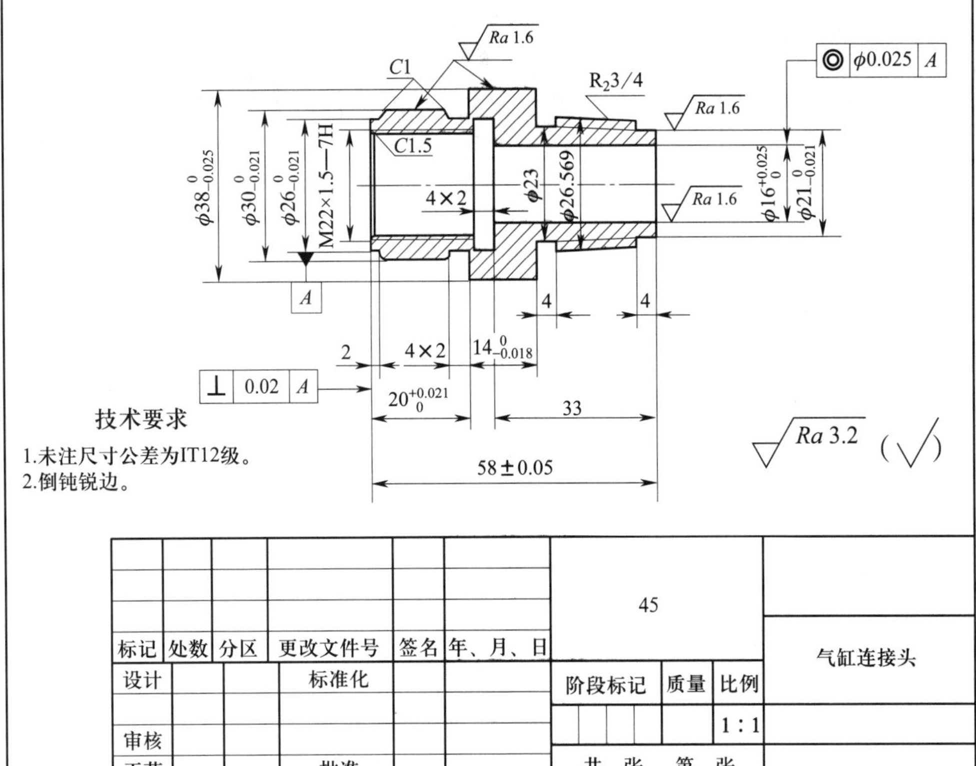

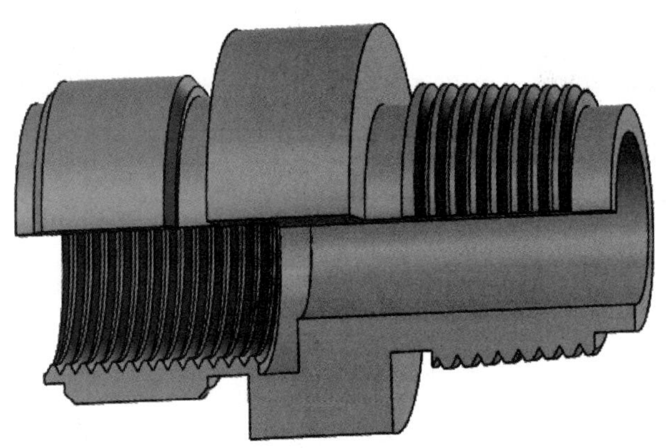

图 5-1　气缸连接头

工作流程与活动

1. 气缸连接头的工艺分析与编程（8 学时）
2. 气缸连接头的数控车加工（46 学时）
3. 气缸连接头的检验与加工质量分析（2 学时）
4. 工作总结与评价（4 学时）

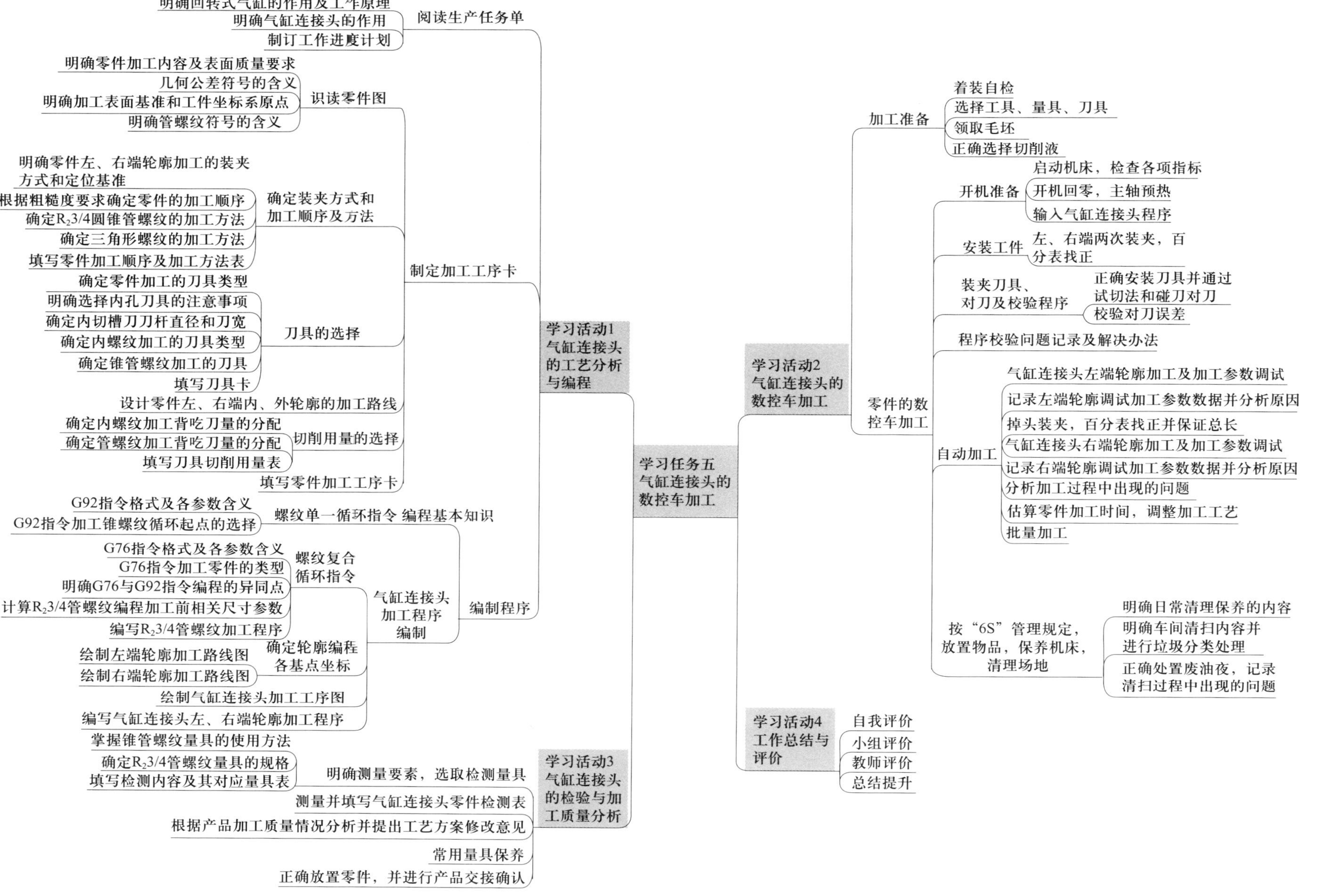
学习任务五
气缸连接头的数控车加工
学习活动1
气缸连接头的工艺分析与编程
阅读生产任务单
明确回转式气缸的作用及工作原理
明确气缸连接头的作用
制订工作进度计划
制定加工工序卡
识读零件图
明确零件加工内容及表面质量要求
几何公差符号的含义
明确加工表面基准和工件坐标系原点
明确管螺纹符号的含义
确定装夹方式和加工顺序及方法
明确零件左、右端轮廓加工的装夹方式和定位基准
根据粗糙度要求确定零件的加工顺序
确定$R_2$3/4圆锥管螺纹的加工方法
确定三角形螺纹的加工方法
填写零件加工顺序及加工方法表
刀具的选择
确定零件加工的刀具类型
明确选择内孔刀具的注意事项
确定内切槽刀刀杆直径和刀宽
确定内螺纹加工的刀具类型
确定锥管螺纹加工的刀具
填写刀具卡
设计零件左、右端内、外轮廓的加工路线
切削用量的选择
确定内螺纹加工背吃刀量的分配
确定管螺纹加工背吃刀量的分配
填写刀具切削用量表
填写零件加工工序卡
编制程序
编程基本知识
螺纹单一循环指令
G92指令格式及各参数含义
G92指令加工锥螺纹循环起点的选择
螺纹复合循环指令
G76指令格式及各参数含义
G76指令加工零件的类型
明确G76与G92指令编程的异同点
计算$R_2$3/4管螺纹编程加工前相关尺寸参数
编写$R_2$3/4管螺纹加工程序
气缸连接头加工程序编制
确定轮廓编程各基点坐标
绘制左端轮廓加工路线图
绘制右端轮廓加工路线图
绘制气缸连接头加工工序图
编写气缸连接头左、右端轮廓加工程序
学习活动2
气缸连接头的数控车加工
加工准备
着装自检
选择工具、量具、刀具
领取毛坯
正确选择切削液
零件的数控车加工
开机准备
启动机床，检查各项指标
开机回零，主轴预热
输入气缸连接头程序
安装工件
左、右端两次装夹，百分表找正
装夹刀具、对刀及校验程序
正确安装刀具并通过试切法和碰刀对刀
校验对刀误差
程序校验问题记录及解决办法
自动加工
气缸连接头左端轮廓加工及加工参数调试
记录左端轮廓调试加工参数数据并分析原因
掉头装夹，百分表找正并保证总长
气缸连接头右端轮廓加工及加工参数调试
记录右端轮廓调试加工参数数据并分析原因
分析加工过程中出现的问题
估算零件加工时间，调整加工工艺
批量加工
按“6S”管理规定，放置物品，保养机床，清理场地
明确日常清理保养的内容
明确车间清扫内容并进行垃圾分类处理
正确处置废油夜，记录清扫过程中出现的问题
学习活动3
气缸连接头的检验与加工质量分析
明确测量要素，选取检测量具
掌握锥管螺纹量具的使用方法
确定$R_2$3/4管螺纹量具的规格
填写检测内容及其对应量具表
测量并填写气缸连接头零件检测表
根据产品加工质量情况分析并提出工艺方案修改意见
常用量具保养
正确放置零件，并进行产品交接确认
学习活动4
工作总结与评价
自我评价
小组评价
教师评价
总结提升

学习活动1　气缸连接头的工艺分析与编程

学习目标

1. 能阅读生产任务单，明确工作任务，通过小组讨论，共同制订合理的加工工作进度计划。

2. 能了解气缸的工作原理与作用。

3. 能了解气缸连接头的作用。

4. 能根据零件工艺要求，正确选择车削加工方法。

5. 能读懂零件图，根据加工工艺、零件材料和零件形状特征等要求，查阅技术手册，合理选择刀具及切削用量。

6. 能确定零件加工基准并制定气缸连接头的数控加工工艺，填写加工工序卡。

7. 能根据零件图，选取正确的装夹方式。

8. 能写出螺纹复合循环指令 G76 的格式及各参数的含义。

9. 能正确选用车削指令，编写气缸连接头数控车加工程序。

建议学时：8 学时。

学习过程

一、阅读生产任务单（表 5–1）

表 5–1　　气缸连接头生产任务单

单位名称				完成时间	年　月　日	
序号	产品名称	材料	生产数量	技术标准、质量要求		
1	气缸连接头	45 钢	30	按图样要求		
2						
3						
检测批准时间		年　月　日	批准人			
通知任务时间		年　月　日	发单人			
接单时间		年　月　日	接单人		生产班组	检测组

注：生产任务单与零件图等一起领取。

阅读表 5–1 气缸连接头生产任务单，查阅资料，回答下列问题。

1．简述气缸的种类有哪些。

2. 简述回转式气缸（图 5–2）的作用及工作原理。

图 5–2　回转式气缸

3．气缸连接头的作用是什么？

4．本生产任务工期为 9 天，请根据任务要求，制订合理的工作进度计划，并根据小组成员的特点进行分工，完成表 5–2 的填写。

表 5–2　工作进度计划表

序号	工作内容	时间	成员	负责人
1	工艺分析			
2	编制程序			
3	程序检验与试切削调试			
4	车削加工			
5	成品检验与质量分析			

二、根据零件图，制定数控加工工序卡

1．识读气缸连接头零件图

（1）分析零件图，在表 5–3 中写出气缸连接头的主要加工尺寸、几何公差要求和表面质量要求，为零件的编程做准备。

表 5–3　气缸连接头零件图分析

序号	项目	内容	偏差范围（数值）
1	主要加工尺寸		
2			
3			
4			
5			
6			
7			
8			
9			
10			

续表

序号	项目	内容	偏差范围（数值）
11	主要加工尺寸		
12			
13			
14			
15			
16			
17	几何公差要求		
18			
19	表面质量要求		
20			

（2）解释表 5–4 中几何公差的含义。

表 5–4　　几何公差含义

标注符号	含义
⊥ | 0.02 | A	
◎ | ϕ0.025 | A	

（3）通过零件图分析，明确加工表面基准，确定零件加工的工件坐标系原点（图示说明），为选择合理的对刀方法做准备。

（4）查阅资料，简述 R_2 3/4 的含义。

2．确定气缸连接头的装夹方式和加工顺序及方法

（1）气缸连接头是左、右端内、外轮廓综合加工，故采用________次装夹，分别以________和________为定位基准。在加工右端面轮廓的装夹过程中，为防止零件变形，达到几何公差的要求，可采用____________进行装夹面防护，________找正的方式。

（2）气缸连接头表面粗糙度要求较高（分别为 *Ra*3.2 μm 和 *Ra*1.6 μm），因此，外轮廓表面采用______________原则来确定加工顺序，先加工________轮廓，再加工________轮廓。加工内孔时为避免偏心等因素影响几何公差要求，应采取________的工艺方式来保证加工要求。

（3）R_2 3/4 圆锥管螺纹加工要先车出________，再车出________。

（4）M22×1.5—7H 三角形螺纹加工时，必须车孔至________。

（5）根据以上学习资料，确定气缸连接头的加工顺序及加工方法，完成表 5–5 的填写。

表 5–5 零件的加工顺序及加工方法

顺序号	加工顺序	加工方法

3．刀具的选择

（1）加工本任务零件时，需要用到哪几类刀具？分别加工哪些轮廓？

（2）内孔刀具选择时要注意哪些问题?

（3）本任务零件对内切槽刀的刀杆直径和刀宽有要求吗？最适宜的取值是多少?

（4）$R_2$3/4 管螺纹可选择什么规格的刀具加工？为什么?

（5）根据本任务零件的加工内容，进行刀具的选择并完成表 5–6 刀具卡的填写。

表 5–6　　刀具卡

产品名称或代号		零件名称		零件图号	
刀具号	刀具名称	数量	加工内容	刀尖半径 / mm	刀具规格 /（mm × mm）

4．加工路线的设计

（1）根据所选用的刀具，绘制出零件左端内、外轮廓精加工路线图。

（2）根据所选用的刀具，绘制出零件右端内、外轮廓精加工路线图。

5．切削用量的选择

（1）三角形螺纹加工背吃刀量的分配

常用公制螺纹切削时的进给次数与实际背吃刀量（直径量）可参考经验值选取，见表 4–7。

（2）55° 圆锥管螺纹相关尺寸参数可查阅表 5–7。

表 5–7　55°圆锥管螺纹尺寸参数表

螺纹代号	基本尺寸 / in	大径 / mm	螺距 / mm	每英寸牙数	中径 / mm	小径 / mm	牙型高度 / mm	圆弧 r 尺寸	底孔尺寸 / mm
R1/16	1/16	7.723	0.907	28	7.142	6.561	0.681	0.125	6.4
R1/8	1/8	9.728	0.907	28	9.147	8.566	0.581	0.125	8.4
R1/4	1/4	13.157	1.337	19	12.301	11.445	0.856	0.184	11.2

续表

螺纹代号	基本尺寸 / in	大径 / mm	螺距 / mm	每英寸牙数	中径 / mm	小径 / mm	牙型高度 / mm	圆弧 r 尺寸	底孔尺寸 / mm
R3/8	3/8	16.662	1.337	19	15.806	14.95	0.856	0.184	14.75
R1/2	1/2	20.955	1.814	14	19.793	18.631	1.162	0.249	18.25
R3/4	3/4	26.441	1.814	14	25.279	24.117	1.162	0.249	23.75
R1	1	33.249	2.309	11	31.77	30.291	1.479	0.317	30
R1 $\frac{1}{4}$	1 $\frac{1}{4}$	41.91	2.009	11	40.431	38.952	1.479	0.317	38.5
R1 $\frac{1}{2}$	1 $\frac{1}{2}$	47.803	2.309	11	46.324	44.845	1.479	0.317	44.5
R2	2	59.614	2.309	11	58.135	56.656	1.479	0.317	56
R2 $\frac{1}{2}$	2 $\frac{1}{2}$	75.184	2.309	11	73.705	72.226	1.479	0.317	71
R3	3	87.884	2.309	11	86.405	84.926	1.479	0.317	85.5
R4	4	113.03	2.309	11	111.551	110.072	1.479	0.317	110.5
R5	5	138.43	2.309	11	136.951	135.472	1.479	0.317	136
R6	6	163.83	2.309	11	162.351	160.872	1.479	0.317	161.5

（3）查阅刀具切削用量手册，结合刀具和加工方法等信息，选择合适的切削用量，完成表 5–8 的填写。

表 5–8　　刀具切削用量表

刀具号	刀具名称	加工内容	主轴转速 /（r/min）	进给速度 /（mm/min）	背吃刀量 / mm

6．气缸连接头数控加工工序卡的制定

小组讨论（或独立）制定本任务零件数控加工工序，并完成表 5–9 数控加工工序卡的填写。

表 5-9 数控加工工序卡

单位名称		产品名称或代号		零件名称		零件图号	
工序号	程序编号	夹具名称		使用设备		车间	
工步号	工步内容	刀具号	刀具规格 / mm	主轴转速 /（r/min）	进给速度 /（mm/min）	背吃刀量 / mm	备注
编制		审核		批准		共 页	第 页

三、编制气缸连接头加工程序

1．编程基本知识

（1）简述 G92 指令的格式及各参数的含义。

（2）G92 指令加工锥螺纹切入 Z 向起点可放至零平面吗？为什么？

（3）如图 5-3 所示，用 G92 指令加工锥螺纹时的轨迹是否正确？其非 Z 零点锥度如何计算？

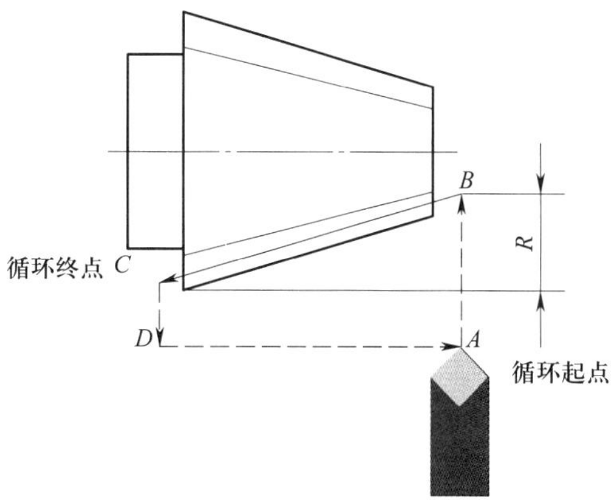

图 5-3　用 G92 指令加工锥螺纹走刀轨迹

2．气缸连接头编程指令

（1）简述 G76 指令的格式、各参数的含义及该指令的加工零件类型。

（2）简述 G76 指令和 G92 指令的异同点。

（3）计算 $R_2 3/4$ 管螺纹加工前的锥度尺寸。

（4）计算 $R_2 3/4$ 管螺纹的大径、小径、锥度、螺距和牙数。

（5）如图 5–4 所示，已知工件坐标系原点为（0，0），55° 密封锥管螺纹的 Z 向起点在工件坐标系正向 3 mm 处，试用 G92 或 G76 指令编制 $R_2 3/4$ 55° 密封管螺纹程序。

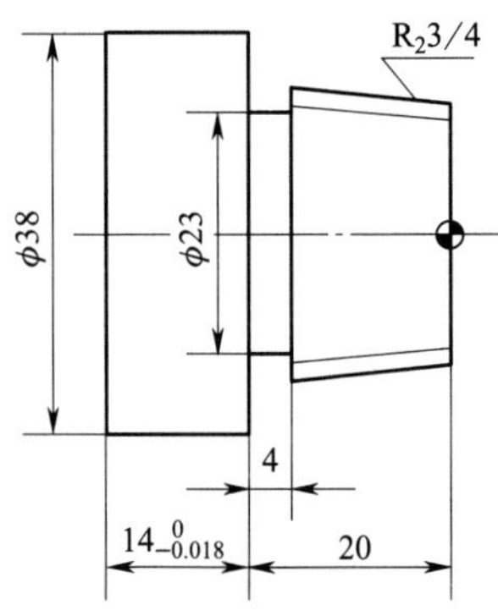

图 5–4　55° 密封管螺纹

3．加工路线的确定

（1）根据本任务零件左端内、外轮廓，设计气缸连接头左端轮廓精加工路线及装夹方案，并标出轮廓编程基点、刀具进给方向及进退刀点，写出各编程基点坐标（不同轮廓可采用不同颜色标记）。

（2）根据本任务零件右端内、外轮廓，设计气缸连接头右端轮廓精加工路线及装夹方案，并标出轮廓编程基点、刀具进给方向及进退刀点，写出各编程基点坐标（不同轮廓可采用不同颜色标记）。

4．根据本任务零件左、右端轮廓的加工路线及装夹方案，在表 5–10 和表 5–11 中绘制出加工工序图。

表 5–10　　气缸连接头左端轮廓加工工序图

工序号	工序内容	工序图

续表

工序号	工序内容	工序图

表 5-11 气缸连接头右端轮廓加工工序图

工序号	工序内容	工序图

续表

工序号	工序内容	工序图

5．编制程序

（1）气缸连接头左端外轮廓加工程序（表 5–12）

表 5–12　气缸连接头左端外轮廓加工程序

外圆柱面加工程序	外切槽加工程序

（2）气缸连接头左端内轮廓加工程序（表 5–13）

表 5–13　气缸连接头左端内轮廓加工程序

内孔加工程序	内切槽加工程序

续表

内孔加工程序	内切槽加工程序
内螺纹加工程序	

（3）气缸连接头右端内孔和外圆柱面加工程序（表 5–14）

表 5–14　　气缸连接头右端内孔和外圆柱面程序

内孔加工程序	外圆柱面加工程序

（4）气缸连接头右端外切槽和螺纹加工程序（表 5–15）

表 5–15　　气缸连接头右端外切槽和螺纹加工程序

外切槽加工程序	螺纹加工程序

学习活动 2　气缸连接头的数控车加工

学习目标

1. 能正确装夹工件，并对其进行找正。

2. 能根据零件图，选择符合加工要求的工具、量具、夹具及辅具。

3. 能正确选择本任务要用的切削液。

4. 能正确、规范地装夹刀具。

5. 能正确对刀，建立工件坐标系。

6. 能正确进行程序的编辑、输入、调试与优化。

7. 能在零件加工过程中，严格按照数控车床操作规程操作机床，维护车间操作环境，养成爱岗敬业、保证质量的职业品德。

8. 能规范使用螺纹环规、半径样板等量具在加工过程中进行适时测量，及时调整加工参数，保证零件精度。

9. 能解决加工过程中出现的常见报警和机床故障问题。

10. 能按车间现场“6S”管理规定和产品工艺流程的要求，正确放置工具、量具、刀具，整理现场，保养机床，并规范填写保养记录单。

建议学时：46 学时。

学习过程

一、加工准备

1．着装自检

根据生产车间着装管理规定，进行着装自检，满足进入车间生产的要求，对不合格的情况按要求进行记录。

2．选择工具、量具、刀具

填写表 5–16 工具、量具、刀具清单，并领取工具、量具、刀具。

表 5–16　　工具、量具、刀具清单

序号	名称	规格	数量	备注
1				
2				
3				
4				
5				
6				
7				

3．领取毛坯

领取毛坯，测量并记录所领毛坯的实际外形尺寸，并做好记录，判断毛坯是否有足够的加工余量及其外形是否满足加工条件。

4．根据加工对象及所用刀具，正确选择切削液，并简述切削液的作用。

二、零件的数控车加工

1．开机准备

（1）启动机床。

（2）机床各轴回参考点。

（3）输入数控加工程序。

2．安装工件

本任务需要进行左、右端加工两次装夹。二次装夹时，要注意保护已加工表面，并用百分表进行找正。

3．装夹刀具

正确装夹刀具，确保刀具牢固可靠，并通过 MDI 操作设定主轴转速。

4．对刀及对刀检验

通过试切法设置工件坐标系原点并校验刀具的对刀误差。

5．程序校验

在表 5-17 中记录程序输入和校验时产生的报警号，并说明产生报警的原因及解决办法。

表 5-17 报警内容记录单

报警号	报警内容	报警原因	解决办法

6．自动加工

（1）左端轮廓自动加工

①根据设计的加工顺序，调入左端内、外轮廓的加工程序，转入自动加工模式，对工件进行试切加工，并在加工过程中密切观察加工状态，如有异常现象及时停机检查，分析并记录异常原因。

②左端轮廓依次进行粗、精加工，适时测量并调试加工参数，保证零件质量，在表 5–18 中记录调试数据。最终测量结果如有问题，试分析问题产生的原因。

表 5–18　　　　　　　　　　左端轮廓调试加工参数名称及数值

序号	调试前加工参数名称	数据值	调试后数据值

产生原因：

（2）掉头装夹，百分表找正，并保证零件总长。

（3）右端轮廓自动加工

①根据设计的加工顺序，调入右端内、外轮廓的加工程序，转入自动加工模式，对工件进行试切加工，并在加工过程中密切观察加工状态，如有异常现象及时停机检查，分析并记录异常原因。

②右端轮廓依次进行粗、精加工，适时测量并调试加工参数，保证零件质量，在表 5–19 中记录调试数据内容。最终测量结果如有问题，试分析问题产生的原因。

表 5–19　　右端轮廓调试加工参数名称及数值

序号	调试前加工参数名称	数据值	调试后数据值

产生原因：

（4）加工中注意观察刀具切削加工情况，在表 5–20 中记录加工中不合理的因素及出现的问题，以便于纠正，提高工作效率（如切削用量、刀具加工路线等是否合理，刀具是否有干涉等）。

表 5–20　　加工中遇到的问题

问题	分析原因	预防措施	改进方法

（5）加工完毕，综合检测零件加工尺寸是否符合图样要求。若合格，将工件卸下，进行下一件的加工；若不合格，分析报废的原因并提出改进措施。

（6）根据零件加工路径，估算零件加工时间（估算方法：总时间约为实际加工路径的总距离除以进给量，再加上装夹零件和刀具、编程、调整参数等辅助时间）是否满足生产时间要求，为后续批量生产或工艺修调做准备。

三、保养机床，清理场地

加工完毕，按照图样要求进行自检，正确放置零件，并进行产品交接确认；按照国家环保相关规定和车间要求整理现场，清扫切屑，保养机床，并正确处置废油液等废弃物；按车间规定填写设备日常保养记录卡（附表 1）。

1. 车间机床的日常清理和保养内容有哪些?

2. 车间的场地清扫包含哪些方面？如何进行垃圾分类处理?

学习活动3　气缸连接头的检验与加工质量分析

学习目标

1. 能根据零件图，合理选择检验量具。

2. 能规范、熟练地使用内孔塞规、螺纹塞规、半径样板等量具，对气缸连接头进行检测并判断加工质量。

3. 能根据零件尺寸的测量结果，分析误差产生的原因，优化加工方案。

4. 能按照生产车间管理要求，正确放置工具、量具。

建议学时：2学时。

学习过程

一、明确测量要素，选取检测量具

1. 判别图5-5所示为什么量具？可用来测量什么零件？如何测量？

图5-5　量具

2．$R_2$3/4 管螺纹选用什么规格的量具进行测量？为什么？

3．根据零件需要测量的要素，填写表 5–21 中的检测内容及其所对应的量具。

表 5–21　　检测内容及其所对应的量具

序号	量具名称	量具规格（精度）	检测内容	备注

二、检测气缸连接头零件，填写表 5–22

表 5–22　　气缸连接头零件检测表

工件编号		配分	项目与技术要求	评分标准	检测记录	得分
序号	名称					
1	主要尺寸（53 分）	4	$\phi 21_{-0.021}^{\ 0}$ mm	超差不得分		
2		4	$\phi 26_{-0.021}^{\ 0}$ mm	超差不得分		
3		4	$\phi 30_{-0.021}^{\ 0}$ mm	超差不得分		

续表

工件编号		配分	项目与技术要求	评分标准	检测记录	得分
序号	名称					
4	主要尺寸（53 分）	3	$\phi 38_{-0.025}^{0}$ mm	超差不得分		
5		3	$\phi 16_{0}^{+0.025}$ mm	超差不得分		
6		3	（58 ± 0.05）mm	超差不得分		
7		4	$20_{0}^{+0.021}$ mm	超差不得分		
8		4	$14_{-0.018}^{0}$ mm	超差不得分		
9		8	M22 × 1.5—7H	超差不得分		
10		8	$R_2 3/4$	超差不得分		
11		4	◎ ϕ0.025 *A*	超差不得分		
12		4	⊥ 0.02 *A*	超差不得分		
13	次要尺寸（18 分）	1.5 × 2	4 mm（2 处）	超差不得分		
14		3 × 2	4 mm × 2 mm（2 处）	超差不得分		
15		3	ϕ23 mm	超差不得分		
16		3	33 mm	超差不得分		
17		1 × 3	*C*1 mm（2 处）、*C*1.5 mm（1 处）	超差不得分		
18	表面粗糙度（14 分）	2 × 4	*Ra*1.6 μm（4 处）	降级不得分		
19		6	*Ra*3.2 μm（其余）	降级不得分		
20	主观评分（10 分）	3.5	已加工零件倒角、倒圆、去毛刺是否符合图样要求			
21		3.5	已加工零件是否有划伤、碰伤和夹伤			
22		3	已加工零件与图样要求的一致性以及其余表面粗糙度			
23	更换毛坯（5 分）	5	是否更换毛坯	是 / 否		
24	职业素养	扣分	能正确穿戴工作服、工作鞋、安全帽等劳动防护用品。每违反一项扣 2 分			
25			能按机床使用规范正确进行开关机、对刀等基本操作。每误操作一次扣 2 分			
26			能规范使用及保养工具、量具和辅具。每违规操作一次扣 2 分			
27			能做好设备清洁、保养工作。不清洁、不保养扣 3 分；保养不彻底扣 2 分			
总配分		100	总得分			

三、根据产品加工质量情况分析并提出工艺方案修改意见

对不合格项目进行分析、讨论，小组提出工艺方案修改意见，完成表 5-23 的填写。

表 5-23　　加工质量分析表

不合格项目	工作任务项目	产生原因	预防及改进措施

四、常用量具保养

了解内孔塞规、螺纹塞规和半径样板等通用量具的清洗和保养规则，使用完后按要求保养、放置。

五、正确放置零件，并进行产品交接确认

学习活动 4　工作总结与评价

学习目标

1. 能按照气缸连接头加工综合评价表完成自评。

2. 能主动获取有效信息，团结协作，展示工作成果，对学习与工作进行反思总结，并能与他人开展良好合作，进行有效的沟通。

3. 能就本任务中出现的问题，提出改进措施。

4. 能结合自身任务完成情况，反思总结，正确、规范地撰写工作总结（心得体会）。

建议学时：4 学时。

学习过程

学习评价以学习目标为导向，围绕学习过程设计评价要点，依据多元评价理论，从不同角度关注学生综合职业能力和职业素质的养成。在教学过程中，学习评价由自我评价、小组评价和教师评价三部分综合构成，检验并提升学生的综合职业能力。最终学生成绩按如下公式进行计算：总评成绩 = 自我评价（40%）+ 小组评价（10%）+ 教师评价（50%）。

一、自我评价

学生通过自我评价发现自己存在的问题和不足，自我评价总分占学习评价的 40%（其中产品评价占 20%，自我评价占 20%）。

自我评价表见附表 2。

二、小组评价

小组评价由“组内工作过程考核互评”和“组间展示互评”两部分组成。“组内工作过程考核互评”让学生在评价别人和接受别人评价中发现问题、解决问题。“组间展示互评”把个人制作好的零件先进行分组展示，再由小组推荐代表做工作过程的介绍。在展示的过程中，以组为单位进行评价；评价完成后，根据其他组成员对本组展示的成果评价意见进行归纳总结。通过组内和组间互相考核，促进学生按规范认真完成工作任务，也使评价者在互评中完成知识学习和素质养成，小组评价总分占学习评价的 10%。

组内工作过程考核互评表见附表 3。

组间展示互评表见附表 4。

三、教师评价

教师评价的目的是提供有效的诊断和反馈，强化和改进教学的实施，对学生的学习过程进行评价。首先，教师对展示的作品分别做评价：一是找出各组的优点进行点评。二是对展示过程中各组的缺点进行点评，提出改进方法。三是对整个任务完成中出现的亮点和不足进行点评。其次，教师在教学过程中，根据学生的具体行为表现，按教师评价指标进行评价，教师评价总分占学习评价的 50%。

教师评价表见附表 5。

四、总结提升

1．通过五个任务的学习，应从哪几个方面汇报学习成果?

2．团队合作中，如何促进团队沟通合作，提高沟通效率?

3．如何提高自我的专业职业素养?

4．试结合自身任务完成情况，通过交流、讨论等方式较全面、规范地撰写本任务的工作总结（包含影响产品质量的因素、工艺顺序安排的依据和重要性、企业制订工作生产计划的理由等）。

工作总结（心得体会）

任务拓展

螺纹件的数控车加工

一、零件图

某企业接到一批螺纹件（图 5-6）加工订单，数量为 30 件。来料加工，材料为 45 钢，毛坯尺寸为 ϕ45 mm×92 mm，交货期为 7 天。该零件由圆柱体、圆弧面、内孔、内外沟槽、内外螺纹组成，生产主管计划用数控车床进行加工。

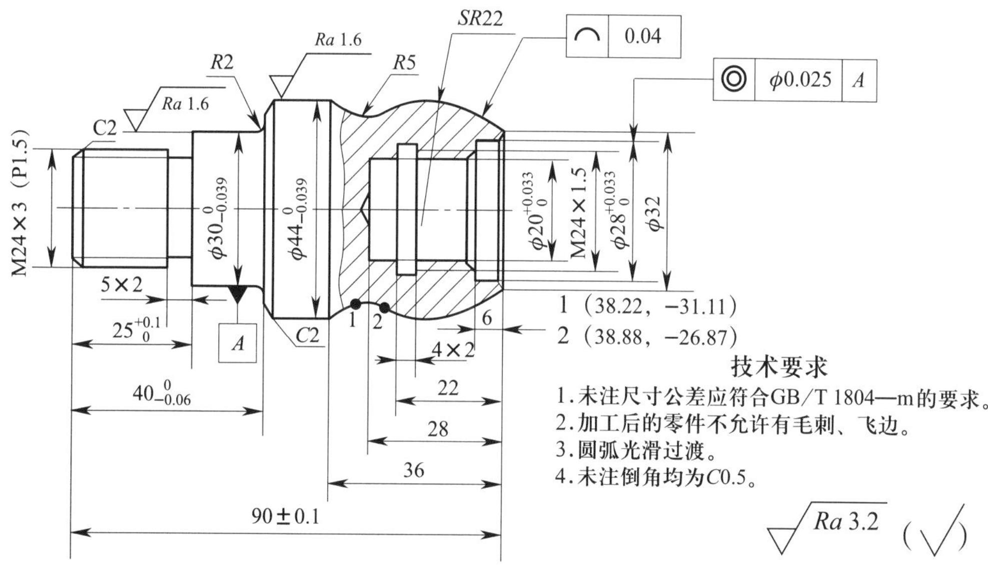

图 5-6　螺纹件

二、评分标准

按表 5–24 所示项目和技术要求检测螺纹件是否合格。

表 5–24　　螺纹件检测表

工件编号		配分	项目与技术要求	评分标准	检测记录	得分
序号	名称					
1	主要尺寸（43 分）	6	$\phi 30_{-0.039}^{0}$ mm	超差不得分		
2		6	$\phi 44_{-0.039}^{0}$ mm	超差不得分		
3		6	$\phi 20_{0}^{+0.033}$ mm	超差不得分		
4		6	$\phi 28_{0}^{+0.033}$ mm	超差不得分		
5		2	⌒ 0.04	超差不得分		
6		4	◎ ϕ0.025 A	超差不得分		
7		8	M24 × 3（P1.5）	超差不得分		
8		5	M24 × 1.5	超差不得分		
9	次要尺寸（30 分）	5	（90 ± 0.1）mm	超差不得分		
10		4	$40_{-0.06}^{0}$ mm	超差不得分		
11		4	$25_{0}^{+0.1}$ mm	超差不得分		
12		2 × 2	5 mm × 2 mm、4 mm × 2 mm（各 1 处）	超差不得分		
13		3	6 mm	超差不得分		
14		3	28 mm	超差不得分		
15		1 × 3	*R*2 mm、*R*5 mm、*SR*22 mm（各 1 处）	超差不得分		
16		2 × 2	*C*2 mm（2 处）	超差不得分		
17	表面粗糙度（12 分）	2 × 2	*Ra*1.6 μm（2 处）	降级不得分		
18		1 × 8	*Ra*3.2 μm（8 处）	降级不得分		
19	主观评分（10 分）	3.5	已加工零件倒角、倒圆、去毛刺是否符合图样要求			
20		3.5	已加工零件是否有划伤、碰伤和夹伤			
21		3	已加工零件与图样要求的一致性以及其余表面粗糙度			
22	更换毛坯（5 分）	5	是否更换毛坯	是 / 否		
23	职业素养	扣分	能正确穿戴工作服、工作鞋、安全帽等劳动防护用品。每违反一项扣 2 分			
24			能按机床使用规范正确进行开关机、对刀等基本操作。每误操作一次扣 2 分			
25			能规范使用及保养工具、量具和辅具。每违规操作一次扣 2 分			
26			能做好设备清洁、保养工作。不清洁、不保养扣 3 分；保养不彻底扣 2 分			
总配分		100	总得分			

世赛知识

世赛数控车项目在其他世赛项目和全国智能制造应用技术技能大赛维修电工项目中的应用

一、数控车在制造团队挑战赛项目中的应用

制造团队挑战赛项目是世界技能大赛中的竞赛项目。制造团队挑战赛（Manufacturing Team Challenge，MTC）是团队竞赛项目，该项目要求由具有项目管理、计算机辅助设计、编程、机械加工、焊接、电气/电子和装配方面的专业技术与技能人员组成。每支参赛队有3名选手，进行设备的设计、制造、组装与测试，可能是一次性的设备，也可能是成批生产的样机。

制造能力中要求选手了解机床、设备加工的安全措施，能够安全操作车床、铣床、钻床等常用设备；能够安全操作数控机床；能够手工修改刀具路径，优化数控编程代码；了解不同刀具、材料的加工参数；熟悉铝材、钢材、铜材、塑料等材料的加工。

世界技能大赛制造团队挑战赛项目比赛赛程为4天，前3天进行设备设计、制造、组装，累计比赛时间限定于21小时内，所用时间越短越好，第4天进行设备测试，累计比赛时间限定在7小时内，所有参赛队依次操作设备实现所有功能。

二、数控车项目在全国智能制造应用技术技能大赛维修电工项目中的应用

维修电工（切削加工智能制造单元生产与管控）项目是第三届全国智能制造应用技术技能大赛的竞赛项目，该项目的参赛队伍要求由具有数字化设计与制造、数控机床装调与维修、自动化生产线安装与调试、工业机器人操作与维护方面专业技术与技能的人员组成。每支参赛队有3名选手，进行智能制造生产线系统架构的设计、仿真模拟、零件数字化设计与编程、机器人编程、智能制造控制系统设备联调和零件智能加工与生产管控，可以是单件零件的智能生产线加工管控，也可以是装配零件的车铣混合加工智能生产管控。

制造能力中要求选手了解机床、设备加工的安全措施，能够安全操作车床、铣床等常用设备；能够应用绘图软件，进行零件三维建模与装配体构建、产品加工工艺设计、零件生产过程质量控制、零件加工工艺、零件程序编制，熟悉铝材、钢材、铜材、塑料等材料的加工，并将程序文件保存在制造企业生产过程制造执行系统（Manufacturing Execution System，MES）指定的文件中。

附　　录

附表 1

设备日常保养记录卡

设备名称：　　　　设备编号：　　　　使用部门：　　　　保养年月：　　　　存档编码：

日期 保养内容	1	2	3	4	5	6	7	8	9	10	11	12	13	14	15	16	17	18	19	20	21	22	23	24	25	26	27	28	29	30	31
环境卫生																															
机身整洁																															
加油润滑																															
工具整齐																															
电器损坏																															
机械损坏																															
保养人																															
机械异常备注																															

审核人：　　　　　　　　　　　　　　　　年　　月　　日

注：保养后，用“√”表示日保；“△”表示周保；“○”表示月保；“Y”表示一级保养；“×”表示有损坏或异常现象，应在“机械异常备注”栏予以记录。

附表 2

学生自我评价表

班级：________　学生姓名：________　学号：________

评价项目	评价内容	评价标准			评价得分
		偶尔	经常	完全	
知识技能	能独立捕捉任务信息，明确工作任务与要求，制订工作计划	0 ~ 2	3 ~ 4	5 ~ 7	
	能认真听讲，根据任务要求，合理选择指令，编辑加工程序并校验	0 ~ 2	3 ~ 4	5 ~ 7	
	能主动参与角色分工，尽心尽责全程参与工作任务	0 ~ 2	3 ~ 4	5 ~ 7	
	观看微课、课件和教师示范操作，能进行刀具、工件的正确装夹并对刀	0 ~ 2	3 ~ 4	5 ~ 7	
	能规范、有序进行产品零件的加工	0 ~ 4	5 ~ 7	8 ~ 10	
	能够通过小组协作，选用合适的量具，对产品进行测量	0 ~ 2	3 ~ 4	5 ~ 7	
职业素质	能按时出勤，实习着装规范。遵守课堂学习纪律，不做与学习任务无关的事情	0 ~ 2	3 ~ 4	5 ~ 7	
	生产操作中，能善于发现并勇于指出操作员的不规范操作	0 ~ 2	3 ~ 4	5 ~ 7	
	能主动分析、思考问题，积极发表对问题的看法，提出建议，解决问题	0 ~ 4	5 ~ 7	8 ~ 10	
	能主动参与并服从团队安排，互助协作，分享并倾听意见，反思总结，完善自我	0 ~ 2	3 ~ 4	5 ~ 7	
	能保持认真细致、精益求精的工作态度	0 ~ 4	5 ~ 7	8 ~ 10	
	能积极参与汇报工作（汇报员需表述清晰、专业术语准确，非汇报员协作整合汇报资料和方案）	0 ~ 2	3 ~ 4	5 ~ 7	
	遵守实训车间环境卫生要求	0 ~ 2	3 ~ 4	5 ~ 7	
	任务总体表现（总评分）				

附表 3

组内工作过程考核互评表

学习任务名称	班级	姓名	学号

序号	评价内容	评价标准			得分
		偶尔	经常	完全	
1	能主动完成教师布置的任务和作业	0 ~ 4	5 ~ 7	8 ~ 10	
2	能认真听教师讲课，听同学发言	0 ~ 4	5 ~ 7	8 ~ 10	
3	能积极参与讨论，与他人良好合作	0 ~ 4	5 ~ 7	8 ~ 10	
4	能独立查阅资料，观看微课，形成意见文本	0 ~ 4	5 ~ 7	8 ~ 10	
5	能积极地就疑难问题向同学和教师请教	0 ~ 4	5 ~ 7	8 ~ 10	
6	能积极参与合作分工，并指出同学在操作中的不规范行为	0 ~ 4	5 ~ 7	8 ~ 10	
7	能规范操作数控机床进行产品加工	0 ~ 4	5 ~ 7	8 ~ 10	
8	能正确测量后耐心细致地调试加工参数，保证产品质量	0 ~ 4	5 ~ 7	8 ~ 10	
9	能按车间管理要求，规范摆放工具、量具、刀具，整理及清扫现场	0 ~ 4	5 ~ 7	8 ~ 10	
10	能认真总结并反思产品加工任务实施中出现的问题	0 ~ 4	5 ~ 7	8 ~ 10	
任务总体表现（总评分）					

附表 4

组间展示互评表

<table>
<tr><td colspan="2">学习任务名称</td><td>班级</td><td colspan="2">组名</td><td colspan="3">汇报人</td><td></td></tr>
<tr><td colspan="2"></td><td></td><td colspan="2"></td><td colspan="3"></td><td></td></tr>
<tr><td rowspan="2">序号</td><td rowspan="2">评价内容</td><td rowspan="2" colspan="3">评价程度</td><td colspan="3">评价标准</td><td>得分</td></tr>
<tr><td>偶尔</td><td>经常</td><td>完全</td><td></td></tr>
<tr><td>1</td><td>展示的零件是否符合技术标准</td><td>不准确□</td><td>一般□</td><td>很好□</td><td>0 ~ 4</td><td>5 ~ 7</td><td>8 ~ 10</td><td></td></tr>
<tr><td>2</td><td>小组介绍成果表达是否清晰</td><td>不清晰□</td><td>一般，常补充□</td><td>很好□</td><td>0 ~ 4</td><td>5 ~ 7</td><td>8 ~ 10</td><td></td></tr>
<tr><td>3</td><td>小组介绍的加工方法操作是否正确</td><td>不正确□</td><td>部分正确□</td><td>正确□</td><td>0 ~ 4</td><td>5 ~ 7</td><td>8 ~ 10</td><td></td></tr>
<tr><td>4</td><td>小组汇报成果表述是否逻辑正确</td><td>不正确□</td><td>部分正确□</td><td>正确□</td><td>0 ~ 4</td><td>5 ~ 7</td><td>8 ~ 10</td><td></td></tr>
<tr><td>5</td><td>小组汇报成果专业术语是否表达正确</td><td>不正确□</td><td>部分正确□</td><td>正确□</td><td>0 ~ 4</td><td>5 ~ 7</td><td>8 ~ 10</td><td></td></tr>
<tr><td>6</td><td>小组组员和汇报人解答他组提问是否正确</td><td>不正确□</td><td>部分正确□</td><td>正确□</td><td>0 ~ 4</td><td>5 ~ 7</td><td>8 ~ 10</td><td></td></tr>
<tr><td>7</td><td>汇报或模拟加工过程操作是否规范</td><td>不规范□</td><td>部分规范□</td><td>规范□</td><td>0 ~ 4</td><td>5 ~ 7</td><td>8 ~ 10</td><td></td></tr>
<tr><td>8</td><td>小组的检测量具、量仪保养完好吗</td><td>不合要求□</td><td>一般□</td><td>良好□</td><td>0 ~ 4</td><td>5 ~ 7</td><td>8 ~ 10</td><td></td></tr>
<tr><td>9</td><td>小组成员团队创新精神如何</td><td>不足□</td><td>一般□</td><td>良好□</td><td>0 ~ 4</td><td>5 ~ 7</td><td>8 ~ 10</td><td></td></tr>
<tr><td>10</td><td>小组汇报展示的方式是否新颖（利用多媒体等手段）</td><td>一般□</td><td>良好□</td><td>新颖□</td><td>0 ~ 4</td><td>5 ~ 7</td><td>8 ~ 10</td><td></td></tr>
<tr><td colspan="2">任务总体表现（总评分）</td><td colspan="7"></td></tr>
<tr><td colspan="2">小组汇报中有哪些问题和建议</td><td colspan="7"></td></tr>
</table>

附表 5

教师评价表

班级：________　　学生姓名：________　　学号：________

评价项目	评价标准	教师评价（占总评 50%）			
		偶尔	经常	完全	评价得分
		0 ~ 4	5 ~ 7	8 ~ 10	
能否承担职责	能主动参与角色分工扮演，尽心尽责全程参与工作任务				
能否服从管理	能时刻服从组长和教师工作安排，积极完成工作				
能否独立思考	能独立发现问题，积极发表对问题的看法，思考问题，提出建议，解决问题				
能否团结互助	能主动交流协作，完成产品的工艺设计				
能有规范意识	能按照车间操作规范进行操作，遵守使用要求，正确开关设备，维持场地环境整洁				
能否严谨踏实	能小组协作，认真、细致地按照自动加工流程完成产品加工				
能否勇于表达	能在加工操作中，善于发现并勇于指出操作员的不规范操作，并积极汇报				
能有质量意识	能对产品质量精益求精，达到最好产品加工结果（刀补调试参数和切削参数是否最优，以零件表面粗糙度和尺寸精度为准）				
能否反思总结	能反思总结影响产品质量的因素				
能否自律自控	能控制自己，积极协作，全程参与工作过程				
总体意见					
任务总体表现（总评分）					